Telecommunications

Veröffentlichungen des

Münchner Kreis

Übernationale Vereinigung für Kommunikationsforschung

Band 22

Springer

*Berlin
Heidelberg
New York
Barcelona
Budapest
Hong Kong
London
Mailand
Paris
Tokyo*

Wachstumsmarkt Telekommunikation

- Fakten und Prognosen -

Vorträge des am 2. März 1995
in München abgehaltenen Kongresses

Herausgeber: G. Lorenz

 Springer

Münchner Kreis
Übernationale Vereinigung für Kommunikationsforschung
Tal 16, D-80331 München, Telefon: (089) 22 32 38

Wissenschaftliche Leitung des Kongresses:

Prof. Dr. Gert Lorenz
Münchner Kreis
Mitglied des Vorstandes
Sonnleitenweg 6
83684 Tegernsee

ISBN-13:978-3-540-60194-4

Die Deutsche Bibliothek - CIP-Einheitsaufnahme
Wachstumsmarkt Telekommunikation: Fakten und Prognosen; Vorträge des am 2. März 1995 in
München abgehaltenen Kongresses / (Münchner Kreis, Übernationale Vereinigung für
Kommunikationsforschung). Hrsg.: G. Lorenz.
Berlin; Heidelberg; New York; Barcelona; Budapest; Hong Kong; London; Mailand; Paris; Tokyo:
Springer, 1995
(Telecommunications; Bd. 22)
ISBN-13:978-3-540-60194-4   e-ISBN-13:978-3-642-79946-4
DOI: 10.1007/978-3-642-79946-4

NE: Lorenz, Gert (Hrsg.); Münchner Kreis; GT

Satz: Reproduktionsfertige Vorlagen der Autoren
SPIN: 10509789   62/3020 - 5 4 3 2 1 0 - Gedruckt auf säurefreiem Papier.

Inhalt

Vorwort

Gert Lorenz

Der Telekommunikationsmarkt zählt zu den wenigen Wachstumsmärkten in den westlichen Industriestaaten. Die ITU (International Telecommunication Union) schätzt das Weltmarktvolumen für 1993 auf 575 Milliarden Dollar, aber es gibt auch andere Angaben.

Angesichts dieser Tatsache als auch der differierenden Marktdefinitionen, sowie der großen Anzahl unterschiedlicher Daten zu den Marktvolumen und der Marktentwicklung der Telekommunikationsmärkte, sollte der Fachkongress des MÜCNHNER KREISES

"Wachstumsmarkt Telekommunikation – Fakten und Prognosen"

zu einer Verbesserung des Informationsstandes der Telekommunikationsmärkte beitragen.

In diesem Band werden die Vorträge, teilweise in erweiterter Fassung, gedruckt vorgelegt.

Ziel dieser Beiträge ist:

die Fakten des Telekommunikationsmarktes aus unterschiedlichen Blickwinkeln zu vermitteln,
– die Marktmechanismen und die Erfolgsfaktoren für eine sinnvolle Marktdynamik darzustellen,
– eine konsensfähige Marktdefinition und eine zukunftsorientierte Marktsegmentierung herauszuarbeiten,
– die Markterwartungen zusammenzutragen,
– die Methoden der Marktdatenermittlung und die Verfahren der Marktprognosen kennenzulernen,
– die unterschiedlichen Anforderungen an die Marktinformation zu erfahren und
– die Nützlichkeit gemeinsam zu erarbeitender Marktdaten abzutasten.

Kenner des Telekommunikations-Gerätemarktes und des Telekommunikations-Dienstemarktes sind die Autoren der Beiträge, ebenso ausgewiesene Marktforscher, die sich mit den spezifischen Charakteristiken des Telekommunikationsmarktes auseinandergesetzt haben.

In vier Beiträgen von Anbietern werden die Marktmechanismen und die Erfolgsfaktoren beschrieben, und zwar für die Geräte von Herrn Dr. Jung und für die Dienste von den Herren Dr. Hultzsch, Stöber und Liebich.

VIII

Das Marktgeschehen sendet Signale aus für unternehmerisches Handeln. Das Martkgeschehen wird beschrieben und quantifiziert in Umsätzen, Stückzahlen, Anschlüssen, Verkehrseinheiten, Investitionen und Arbeitsplätzen.

Diese Quantifizierung des Marktgeschehens kann nur dann sinnvoll erfolgen, wenn die Marktteilnehmer sich einig sind über eine Marktdefinition, sowie die notwendigen Segmentierungen und Abgrenzungen. Die Herren Dr. Neumann und Dr. Stoetzer haben in dem einleitenden Beitrag ihre Überlegungen und Vorschläge formuliert.

Die Beschreibung und Quantifizierung des Marktgeschehens wird in vier Beiträgen von Frau Dr. Neugebauer und den Herren Mitchell, Dr. Reich und Dr. Paltridge dargestellt. In diesen Beiträgen werden auch die Methoden und Werkzeuge der Ist-Marktdaten-Erfassung und der Marktprognosen in der Telekommunikation behandelt.

Prof. Witte hat in seinem Beitrag die Marktfunktion des Regulierers, unbekannt in den uns geläufigen Wettbewerbsmärkten, thematisiert.

Der Herausgeber hat die Prognosen der Telekommunikation der letzten zehn Jahre mit der Realität verglichen und versucht, die Gründe für teilweise drastische Abweichungen aufzuspüren.

Dr. Knetsch beschreibt den Telekommunikationsmarkt am Ende der nächsten Dekade.

Der MÜNCHNER KREIS hat damit vorsichtig Neuland betreten, denn dieser Band beschäftigt sich mit dem Markt, nicht mit einem Produkt, nicht mit einer Technologie, nicht mit einer speziellen Innovation, denn die Zeit ist reif, sich verstärkt auf den Markt zu konzentrieren. Wir befinden uns in einem Wachstumsmarkt auf dem Weg in den Wettbewerb. Dieser Weg kann empfindlich gestört werden durch Unkenntnis der Marktmechanismen, durch unrealistische Markterwartungen, durch unvollständige Fakten des Ist-Marktes.

Wir müssen auch zur Kenntnis nehmen, daß in anderen Märkten, wie der Automobilbranche, der Unterhaltungselektronik und der Medienbranche, die Marktinformationen besser, transparenter, konsistenter und die Prognosen deshalb zuverlässiger sind als in der Telekommunikation. Die Frage ist, was eigentlich anders in der Telekommunikation ist. Hinweise darauf werden in einigen Beiträgen gegeben. Festzuhalten bleibt, daß es in der Telekommunikation keine amtlichen oder notariell festgestellten Marktwerte gibt, wie das in anderen, normalen Wettbewerbsmärkten der Fall ist und als notwendig anerkannt wird.

Zusammenfassend kann festgehalten werden:

1. Der Telekommunikationsmarkt ist ein Wachstumsmarkt. Wichtige Teilmärkte befinden sich in der Entstehungsphase, die Wachstumsphase steht erst bevor. Schlummernde Nachfrage wird geweckt werden, denn ein Netz von Innovationen und intelligente Marktideen stehen zur Verfügung. Ein lang anhaltendes, überdurchschnittliches Wachstum kann erwartet werden.

2. Erfolgsfaktoren, insbesondere in der Zeit des Übergangs von der Entstehungs- in die Wachstumsphase, für die Realisierung der erwarteten Marktdynamik sind Marktkonzeptionen und Marktaktivitäten. Technologische Innovationen und die Einführung von Wettbewerb sind zwar notwendige, aber keinesfalls hinreichende Bedingungen für einen Markterfolg.

3. Der Telekommunikationsmarkt bedarf der präzisen Definition. Als Basissegmentierung bietet sich die Differenzierung von Telekommunikations-Geräten und Telekommunikations-Diensten an. Weitergehende Marktdifferenzierungen und Abgrenzungen sind notwendig. Konstituierende Elemente für eine Abgrenzung der Telekommunikations-Dienste könnten die Funktionen "Übertragung" und "Vermittlung" sein.

4. Für die Beschreibung des Marktgeschehens, auch als Grundlage für zuverlässigere Marktprognosen, sind verläßliche Ist-Markt-Daten erforderlich. Die Erfassung der Ist-Markt-Daten ist heute nicht befriedigend.

5. Die Auswirkungen der Telekommunikation auf unsere Gesellschaft werden tiefgreifend sein. In der geschäftlichen Welt werden sich neue, telekommunikationsorientierte Geschäftsprozesse etablieren. Die Arbeit und der Arbeitsplatz werden sich verändern. Ob, wann und mit welcher Intensität sich das private Leben verändern wird, kann heute vermutet, aber nicht quantifiziert werden.

6. Der Telekommunikationsmarkt ist ein differenzierter Markt, mit einer Vielzahl neuer Teilmärkte mit unterschiedlichen Mechanismen und Wertschöpfungsstufen. Wir erwarten von diesem Markt Signale, denn dies ist eine Voraussetzung für eine funktionierende Marktwirtschaft. Diese Signale werden mit großer Wahrscheinlichkeit ausgehen von einem Telekommunikationsmarkt, so wie er von Dr. Neumann und Dr. Stoetzer pragmatisch definiert wurde, aber auch von einem sich entwickelnden Informations- und Kommunikationsmarkt, der die Medienbranche, die Unterhaltungselektronik, die Informations- und Kommunikationstechnologie einschließt, so wie von Dr. Knetsch in seiner Zukunftsvision dargestellt.

G. Lorenz

Was zählt zum Telekommunikationsmarkt?
Versuch einer Begriffsbestimmung[1]

Matthias-W. Stoetzer

1 Entwicklungstendenzen
der Telekommunikation

Die Entwicklung der Telekommunikation während der letzten 150 Jahre ist von der Einführung und Ausdifferenzierung immer neuer Produkte, Dienste und Anwendungen gekennzeichnet. Diese Tendenz hat sich in den letzten 15 Jahren mit der Durchsetzung von Telefax und Mobiltelefon sowie der Entwicklung von Videokonferenzen und Electronic-mail bis hin zu Multimedia – bspw. Video-on-demand – stark beschleunigt. Im Vergleich mit der Telekommunikation erscheinen andere Wirtschaftssektoren – wie bspw. die Automobilindustrie – statisch zu sein und nur eine relativ geringe Innovationsdynamik zu besitzen.

Vor diesem Hintergrund ist der Begriff der „Informationsgesellschaft" zur Kennzeichnung der Entwicklungsmerkmale moderner Industriegesellschaften zu verstehen. Der Weg zur Informationsgesellschaft ist in jüngster Zeit auch in der Wettbewerbs- und Industriepolitik verstärkt thematisiert worden. In den USA soll mit den Information-Superhighways der wirtschaftliche Aufschwung vorangetrieben werden, in der EU sind es die transeuropäischen Netze und in der Bundesrepublik die Datenautobahnen, die im Telekommunikationssektor zum Bsp. breitbandige Telekommunikationsverbindungen beinhalten und eine wirtschaftspolitische Antwort auf die Herausforderungen bis zum Jahr 2000 und darüber hinaus geben sollen.

Abbildung 1 verdeutlicht wie sich der Telekommunikationssektor zurückgehend auf die Telegraphie seit 1840 über das Sprachtelefon inzwischen zu einer enormen Vielzahl von TK-Diensten und TK-Anwendungen entfaltet hat. Diese reichen vom Telefax über das Mobiltelefon und dem Electronic Mail bis zu Videokonferenzen und Audiotex-Anwendungen. Ähnliches gilt – wenn auch nicht ganz so ausgeprägt – für die Märkte der Verteilkommunikation also Rundfunk und Fernsehen, die ebenfalls mit den Stichworten Digitalisierung, neue Übertragungsformate und Interaktivität in der nahen Zukunft vor größeren Veränderungen stehen.

---

[1] Für kritische Anmerkungen und Diskussion danke ich Dr. Karl-Heinz Neumann und Rolf Schwab.

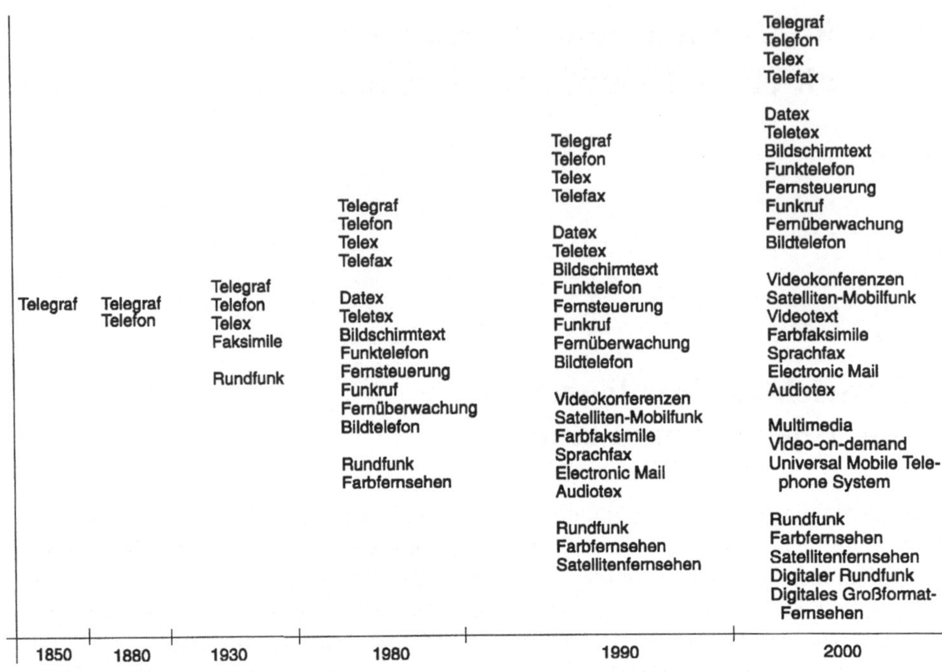

Abbildung 1: Die Entwicklung der Telekommunikation seit der Telegraphie

Der Sektor der Telekommunikation gewinnt dabei sowohl unter Output- als auch unter Input-Gesichtspunkten enorm an Bedeutung. Hinsichtlich der Outputdimension steht zu erwarten, daß Umsatz und Wertschöpfung der Telekommunikation nicht nur absolut, sondern auch relativ zu anderen Wirtschaftszweigen stark wachsen werden. Wichtiger für Gesellschaft und Wirtschaft ist aber vermutlich die Inputdimension der Telekommunikation. Sprachtelefon, Telefax, Mobilfunk, Datenkommunikation, in manchen Bereichen auch schon Electronic-mail und EDI, sind unverzichtbare Kommunikationsmittel für Haushalte und Unternehmen. Ohne sie würden die Strukturen vieler Wirtschaftssektoren völlig anders aussehen und ohne eine leistungsfähige Telekommunikation in Deutschland wäre die Wettbewerbsfähigkeit einer Vielzahl von Unternehmen gefährdet. Die Telekommunikation als notwendiger Input stellt auch die Begründung für Infrastruktur- und Universaldienstverpflichtungen dar, die im Zusammenhang mit der Liberalisierungsdiskussion in Deutschland eine wichtige Rolle spielen.

Aus der skizzierten Relevanz ergibt sich die Notwendigkeit und Forderung, auch in der Telekommunikation über eine leistungsfähige und verläßliche statistische Erfassung dieses Sektors verfügen zu können. Eine verläßliche Datengrundlage ist die Voraussetzung für die Beschreibung von Entwicklungstendenzen und die darauf aufbauende Analyse weitergehender Fragen, etwa hinsichtlich der Wettbewerbsposition deutscher TK-Unternehmen oder einer Untersuchung der Faktoren, die die Verbreitung von Telekommunikationsdiensten beeinflussen. Die Erfassung von Absatzzahlen,

Bruttoproduktionswerten, Umsatzvolumina, Wertschöpfungen, Exporten und Importen u.ä. kann dabei mit den verschiedensten methodischen Verfahren angegangen werden. Grundlage ist aber in jedem Fall eine hinreichend präzise Definition des interessierenden Produktes oder der Dienstleistung, die den Ausgangspunkt der statistischen Erfassung bildet. Als erster Schritt auf diesem Weg muß der Begriff „Telekommunikation" definiert werden.

2 Der Begriff der Telekommunikation

Ein Standard-Nachschlagewerk besagt, Telekommunikation ist "Kommunikation mit Hilfe nachrichtentechnischer Übertragungsverfahren" (Berger/Blankart/Picot 1990, S. 295). Präziser fällt die Abgrenzung im internationalen Fernmeldevertrag von Nairobi aus dem Jahr 1982 aus. Dieser definiert Telekommunikation (Fernmeldeverkehr) als "Jede Übermittlung, jede Aussendung oder jeder Empfang von Zeichen, Signalen, Schriftzeichen, Bildern, Lauten oder Nachrichten jeder Art über Draht, Funk, optische oder andere elektromagnetische Systeme" (Internationaler Fernmeldevertrag Nairobi 1982, BGBl. 1985 II, S. 485).

Dies ist eine sehr weite Begriffsfassung. Sie schließt alle Formen der Sprach-, Text-, Daten- und Bildkommunikation genauso ein wie mögliche Kombinationen dieser Kommunikationsformen im Rahmen von Multimedia. Auch ob die Übertragung digital oder analog, synchron (zeitgleiche) oder asynchron (zeitversetzte) erfolgt, spielt keine Rolle. Darüber hinaus ist bei dieser Definition die Individualkommunikation ebenso enthalten wie die Massenkommunikation, d.h. der gesamte Sektor der Massenmedien Rundfunk und Fernsehen wird einbezogen.

Der Telekommunikationssektor ist hierbei so umfassend definiert, daß für die praktische Arbeit der volks- und betriebswirtschaftlichen Analyse sowie der Statistik zunächst eine Reihe weiterer Präzisierungen notwendig sind (siehe Abbildung 2).

Zunächst kann in einem weiteren Schritt der Bereich der TK in drei einzelne Sektoren gegliedert werden. Als Basisunterscheidung gilt erstens die Differenzierung von TK-Geräten einerseits und TK-Diensten andererseits. Diese Differenzierung ist weitgehend unproblematisch und auch ohne weitere definitorische Präzisierungen einleuchtend und verständlich. Dabei sind die Dienste, gemessen am Marktvolumen, erheblich wichtiger als die TK-Geräte (Abbildung 3). Auf die TK-Dienste entfallen ca. 80% des Marktvolumens. Diese Feststellung gilt nicht nur gegenwärtig, sondern wird sich nach allen Prognosen in Zukunft noch verstärken.

Zweitens ist innerhalb der TK-Dienste die wichtige Unterscheidung von Individualkommunikation also bspw. Sprachtelefon und Telefax einerseits und Massenkommunikation also Radio und Fernsehen andererseits vorzunehmen. Drittens müssen geeignete Marktsegmentierungen innerhalb dieser drei Sektoren TK-Geräte, Massen- und Individualkommunikation gefunden werden. Viertens geht es insbesondere bei der Individualkommunikation – also den Telekommunikationsdiensten im engeren Sinn – darum, eine geeignete Abgrenzung zwischen TK-Diensten und TK-Anwendungen zu identifizieren.

Erst nach Lösung all dieser definitorischen Probleme kann dann die eigentliche Erhebung und statistische Aufbereitung von Daten erfolgen.

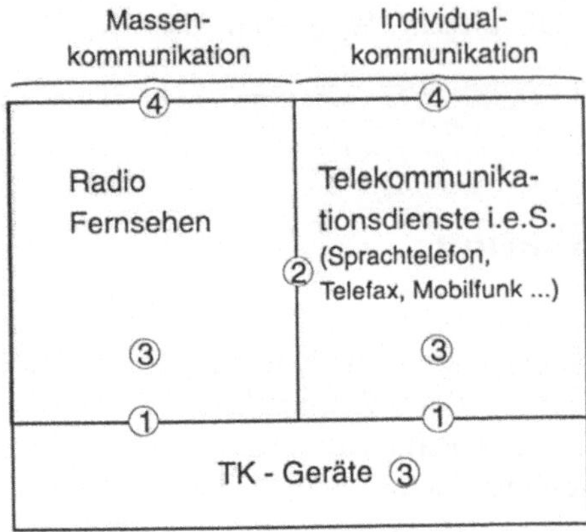

Abbildung 2: Der Telekommunikationssektor

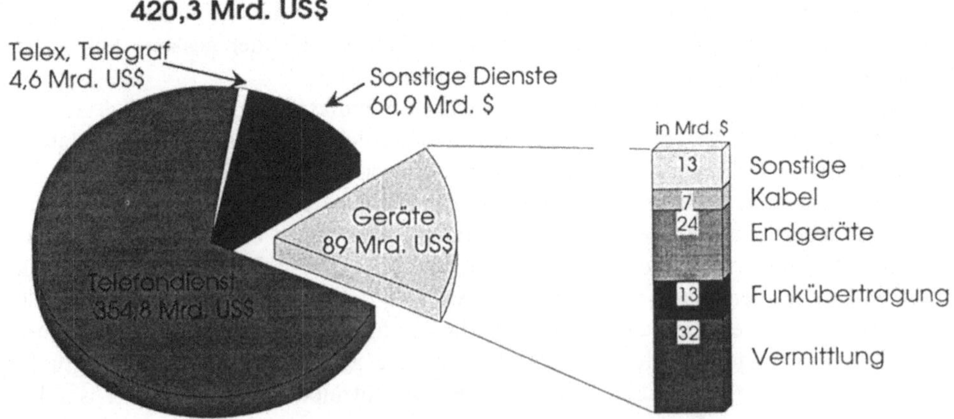

Abbildung 3: Weltmarktvolumen bei TK-Geräten und TK-Diensten 1993

3 Die Erfassung der Telekommunikationsgeräte

Für den Sektor der TK-Geräteindustrie kann sowohl hinsichtlich der Definition bestimmter Gerätekategorien und deren Zusammenfassung in Marktsegmenten als auch für die Auffüllung dieser Abgrenzungen mit konkretem Datenmaterial auf eine Reihe von Informationsquellen zurückgegriffen werden. Definitorische Probleme werden zum größten Teil durch die Verwendung der entsprechenden technischen Spezifikationen gelöst. Bspw. gehören zum Marktsegment der Faxgeräte Geräte gemäß den Standards G3 und G4 und unter dem Marktsegment der Modems lassen sich die verschiedensten Standards wie bspw. V.22, V.32, V.34 etc. subsumieren.

Von grundlegender Bedeutung hinsichtlich der Marktsegmentierung sind die Definitionen und Abgrenzungen des statistischen Bundesamtes in der Produktions- und Außenhandelsstatistik. Darauf aufbauend hat auch das BAPT eine Nomenklatur entwickelt. Beide sind in Abbildung 4 wiedergegeben.

Die Übersicht verdeutlicht, daß zum Bereich der Telekommunikationsgeräte eine Vielzahl sehr unterschiedlicher Güterkategorien gezählt werden kann. Das BAPT zählt bei seiner Produktionsstatistik zur nachrichtentechnischen Industrie bspw. auch die Sektoren der Radargeräte sowie der Funknavigations- und Fernsteuergeräte hinzu und bezieht außerdem die Produktion von Rundfunk- und Fernsehempfangsgeräten mit ein. Bei einer dermaßen breiten Abgrenzung sind Aussagen bspw. zur Wettbewerbsposition einzelner Geräteindustrien in Deutschland nicht mehr möglich. Ein erheblicher Rückgang der Produktion der nachrichtentechnischen Industrie in dieser Abgrenzung könnte bspw. auf eine starke Abnahme der Fernsehgeräteproduktion zurückzuführen sein, während die deutsche übertragungs- und vermittlungstechnische Industrie vom Produktionsrückgang gar nicht betroffen ist.

Derartige Probleme sprechen dafür, den Sektor der Verteilkommunikation auszuklammern bzw. separat auszuweisen, d.h. insbesondere die Produktion von Rundfunk- und Fernsehgeräten einschließlich der damit verbundenen Antennenempfangsanlagen nicht mit zum Sektor der Telekommunikation zu zählen. Daneben ist der Bereich der Funkmeßgeräte (Radargeräte) sowie der Funknavigations- und -fernsteuergeräte ein deutlich vom Bereich der Telekommunikation im Sinne des Austauschs von Informationen getrennter Gerätesektor. Als Folge dieser Überlegungen ergibt sich die in Abbildung 5 enthaltene Abgrenzung, die vom WIK in seinen Veröffentlichungen benutzt wird und zum Bereich der Telekommunikationsgeräteindustrie die leitergebundene und nichtleitergebundene Geräteindustrie sowie die Kabel und Leitungen zählt.

Abbildung 4: Telekommunikationsgeräte: Erfassung der Produktion

BAPT-Nomenklatur und Bezeichnung	GP-Nr. 4-Steller	GP-Nr. 6-Steller	Statistisches Bundesamt Nomenklatur Bezeichnung der Gütersystematik für Produktionsstatistiken (Ausgabe 1989)
Elektrische Geräte für die drahtgebundene Fernsprech- oder Telegrafentechnik einschließlich solcher Geräte für Trägerfrequenzsysteme	3652 Leitergebundene Telekommunikation	3652 10	Sprachendgeräte (auch für Reihenanlagen)
		3652 20	Wechsel- und Gegensprechanlagen
		3652 30	Sonstige Geräte für Sprache (z. B. Dolmetscher-, Konferenz-, Verschlüsselungsanlagen; Anrufbeantworter)
		3652 50	Textendgeräte, (z.B. Telex, Teletex)
		3652 60	Sonstige Geräte für Text und Bild
		3652 73	Öffentliche Vermittlungseinrichtungen
		3652 77	Sonstige Vermittlungseinrichtungen
		3652 84	Multiplexer und Leitungseinrichtungen
		3652 88	Sonstige Übertragungseinrichtungen
		3652 09	Zubehör, Einzel- und Ersatzteile für Geräte und Einrichtungen der leitergebundenen Telekommunikation
Geräte und Einrichtungen der nichtleitergebundenen Telekommunikation	3654 Geräte und Einrichtungen der nichtleitergebundenen Telekommunikation	3654 10	Sendegeräte (auch mobile)
		3654 31	Richtfunksysteme
		3654 33	Mobile Funktelefon- und Funkrufsysteme
		3654 37	Sonstige Funksysteme
		3654 90	Sonstige Geräte und Einrichtungen der nichtleitergebundenen Telekommunikation z. B. Antennenanlagen, Fernsehkameras, Studioeinrichtungen)
		3654 08	Zubehör, Einzel- und Ersatzteile für Geräte und Einrichtungen der nichtleitergebundenen Telekommunikation
Funkmeßgeräte (Radargeräte) Funknavigations- und Funkfernsteuergeräte	3656 Funkmeß- (Radar-), Funknavigations-, Funkfernsteuergeräte und -einrichtungen	3656 20	Funkmeß- (Radar-)geräte und -einrichtungen
		3656 40	Funknavigationsgeräte und -einrichtungen
		3656 60	Funkfernsteuerungsgeräte und -einrichtungen (ohne elektrische Fernwirkgeräte, diese s. 3677 82)
		3656 09	Zubehör, Einzel- und Ersatzteile für Funkmeß- (Radar-), Funknavigations-, Funkfernsteuerungsgeräte und -einrichtungen

Antennen und Antennen-reflektoren	aus 3661 Rundfunkempfangs- und Fernsehem-pfangsgeräte und -einrichtungen	3661 06 3661 91 3661 92 3661 93 3661 95	Zubehör, Einzel- und Ersatzteile für Antennen (ohne Maste, Befesti-gungsteile, Schellen, Klemmen, Schrauben u. dgl.; diese siehe Güter-gruppen 25, 30, 31 und 38), Außenantennen Auto- und Kofferantennen (Teleskopantennen) Sonstige Antennen, z.B. Zimmerantennen, Geräte-Einbauantennen Antennenverstärker
Rundfunkempfangsgeräte	aus 3661 Rundfunkempfangs- und Fern-sehempfangsge-räte und -einrich-tungen	3661 10 3661 40	Mono-, Stereotisch- und Kofferempfangsgeräte mit und ohne integrierten Laut-sprechern (Steuergeräte) und Uhren (auch kombiniert mit Phono- und/oder Ronbandgeräten), Musikschränke und Musiktruhen, Rund-funkchassis (auch im zerlegten Zustand) und Tuner als Einzelgeräte (ohne solche aus 3661 96) Kraftfahrzeugempfangsgeräte (auch mit Tonbandgeräten kombiniert)
Fernsehempfangsgeräte	aus 3661 Rundfunkempfangs- und Fern-sehempfangsge-räte und -einrich-tungen	3661 72 3661 76	(in 3661 76 enhalten); Kofferfernsehempfangsgeräte (Portables) (einschließlich 366172); Tischempfangs- und Standempfangsgeräte (einschließlich Fernsehchassis und -kombinationen)
Isolierte Drähte, Leitungen und Kabel für Fernmelde zwecke	aus 3625, 3626 und 3627	3625 45 3525 85 3526 22 3626 23 3626 27 3626 50 3627 60	Isolierte Fernmeldeleitungen, -schnüre und -drähte (ohne Glasfaserleitungen) Glasfaserleitungen Fernmeldekabel papierisoliert Fernmeldekabel kunststoff- und anders isoliert (ohne Glasfaserkabel) Glasfaserkabel Hochfrequenzkabel Fernmeldekabelgarnituren

Allgemein ist festzustellen, daß definitorische Probleme im TK-Gerätemarkt nur eine vergleichsweise geringe Bedeutung besitzen. "Grauzonen" der TK-Geräteindustrie sind allerdings die Erfassung der Software-Industrie, also bspw. die Behandlung der E-mail- oder Fax-Software, und die Frage, ob bei einem PC mit Modem und E-mail-Software nicht nur das Modem und die Kommunikationssoftware, sondern der ganze PC zum Sektor Telekommunikationsgeräte zu zählen ist, zumindest wenn der PC aussschließlich in der Funktion als TK-Endgerät genutzt wird. Schließlich ist die Frage der Behandlung industrieller Dienstleistungen zu klären. Hierunter sind z. B. Installations-, Wartungs- und Reparaturdienste zu verstehen, die von den Geräteproduzenten häufig mit erbracht werden und in engem Zusammenhang mit dem Verkauf von TK-Geräten stehen. Bei ihrer Behandlung muß erstens geklärt werden, ob und inwieweit sie in die Erfassung der TK-Geräte mit eingehen und zweitens sind sie klar von den Telekommunikationsdiensten nach obiger Definition zu trennen.

Bezüglich des statistischen Datenmaterials stehen für die TK-Geräte verschiedene amtliche und private Quellen mit für viele Zwecke hinreichend großem Detaillie rungsgrad und ausreichender Zuverlässigkeit zur Verfügung. Das Statistische Bundesamt veröffentlicht in den Produktions- und Außenhandelsstatistiken Daten zu physischen Kennzahlen und Umsätzen. Auf Ebene der EU publiziert Eurostat Zahlen, die auf den Außenhandelsstatistiken der Mitgliedsländer beruhen. Private Marktforschungsunternehmen offerieren sehr detailliertes Zahlenmaterial zu fast allen relevanten Bereichen der TK-Geräte bzw. Produkte. Zu diesen Unternehmen zählen unter anderem Dataquest, Frost&Sullivan, GfK, IDC und Infratest.

4 Die Erfassung von Telekommunikationsdienstleistungen

4.1 Definitionen und Defininitionsprobleme

Eine Analyse und Bewertung für den zweiten und – gemessen an den Umsätzen – relevanteren Bereich der Telekommunikation, die Telekommunikationsdienste, kommt zu einer wesentlich pessimistischeren Einschätzung. Dienstleistungen zeichnen sich dadurch aus, daß sie im Gegensatz zu Produkten bzw. Geräten nicht materiell faßbar sind. Weiteres Merkmal ist, daß Dienste nicht aufbewahrt werden können, sondern die Konsumtion direkt mit dem Kaufakt zusammen erfolgt (vgl. Corsten 1990, S. 17ff). Allgemein stellt die Erfassung und die Abgrenzung von Dienstleistungen ein Problem dar. Diese Schwierigkeiten finden sich auch bei der Berücksichtigung aller Formen von Diensten in der amtlichen Statistik wieder.
Telekommunikationsdienste sind definiert als „alle Arten der Telekommunikation, die für den Eigenbedarf oder für Dritte erbracht werden". Damit wird der mit der TK "verbundene Prozeß der wirtschaftlichen Leistungserstellung" charakterisiert (Berger/Blankart/Picot 1990, S. 296). Diese Aussagen bleiben allerdings recht unverbindlich. Entsprechend sind hinsichtlich der definitorischen Abgrenzungen für die TK-Dienste wesentliche Fragen noch ungeklärt. Zwei Problemfelder sind dabei von

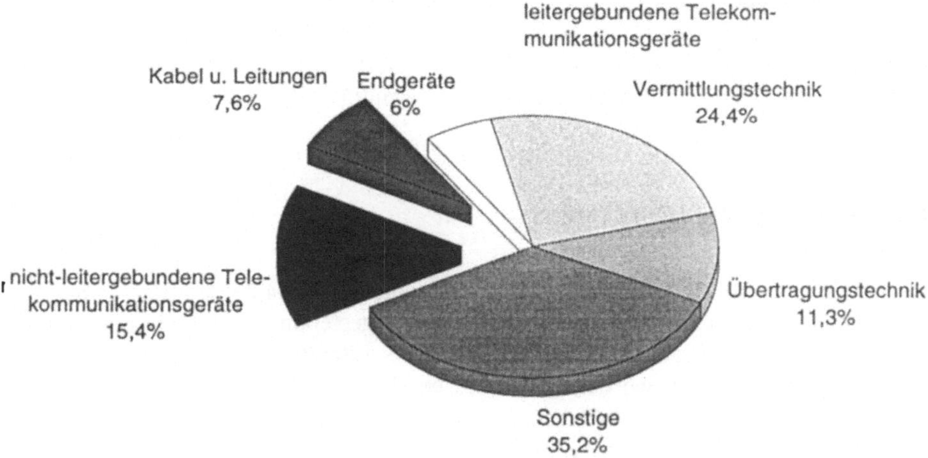

Quelle: Schwab 1994

Abbildung 5: Deutsche Exporte von TK-Geräten

besonderer Bedeutung. Zunächst stellt sich die eingangs aufgeworfene Frage der Abgrenzung von TK-Diensten und TK-Anwendungen. Gehört bspw. der Produzent einer chemischen Datenbank, die auch Online-Recherchen erlaubt, zu den TK-Diensteanbietern? Sollten die von den Kreditinstituten in jüngster Zeit gegründeten sogenannten Direktbanken, die die Kommunikation mit Ihren Kunden im wesentlichen mittels der Telekommunikation – bspw. mittels Phone- und Homebanking – abwickeln, deshalb zu den TK-Diensteanbietern gezählt werden? Bejaht man diese Fragen, so müßten im Extrem alle Dienstleistungen, die sich der Telekommunikation bedienen, zum Telekommunikationssektor gezählt werden. Da Sprachtelefon und Telefax aber in allen Dienstleistungsbranchen unverzichtbar sind, wären konsequenterweise sämtliche Dienstleistungen Telekommunikationsdienste. TK-Dienste könnten dann von anderen Diensten nicht mehr unterschieden werden und der Informationsgehalt des Begriffs „Telekommunikationsdienste" wäre sehr gering (vgl. Popper 1971, S. 77ff). Es sollte also eine Abgrenzung zu den TK-Anwendungen gefunden werden, um eine zu große Unschärfe des TK-Dienstebegriffs zu verhindern.

Als Kriterium für eine solche Abgrenzung könnte auf "Übertragung" und "Vermittlung" als konstituierende Elemente eines TK-Diensteangebots abgestellt werden. In einer etwas weiteren Fassung würden zu den TK-Diensten auch solche Dienstleistungen zählen, die "Übertragung" bzw. "Vermittlung" zwar nicht selbst erstellen, aber darüber hinaus nur einen sehr geringen eigenen zusätzlichen Wertschöpfungsanteil erbringen. Unter Verwendung dieses Kriteriums könnte alternativ ein "stand-alone"-Test entwickelt werden. Ist eine Dienstleistung auch ohne Verwendung von Telekommunikation (Übertragung bzw. Vermittlung), also selbständig für sich vermarktbar, handelt es sich nicht um eine TK-Dienstleistung. Die obigen Beispiele der chemischen Datenbank und der Direktbanken-Kreditinstitute zählen nach diesem Kriterium nicht zu den TK-Diensten, wohl aber die Dienste der Service-Provider im Mobilfunk, die auch keine Übertragungs- oder Vermittlungsdienste erbringen.

4.2 Marktsegementierungen

Prinzipiell gilt, daß die richtige Bestimmung von Marktsegmenten und damit des jeweiligen relevanten Marktes abhängig von der Fragestellung ist, die behandelt wird. Eine Reihe von verschiedenen Kriterien sind in der Literatur zur Bildung von Marktsegmenten herangezogen worden. Dabei lassen sich drei Ansätze unterscheiden, die sich auf erstens wirtschaftspolitische Aspekte, zweitens technologische Merkmale und drittens funktionale Kriterien beziehen.

Wirtschaftspolitische Segmentierungen haben eine lange Tradition im Telekommunikationssektor. Sie resultieren aus den Deregulierungsbemühungen in einer Reihe von Staaten in den 80er Jahren. Hierbei war es notwendig, regulierte Sektoren von dem Wettbewerb offenstehenden Bereichen abzugrenzen, weil aus politischen und ökonomischen Gründen in keinem Land eine sofortige vollständige Liberalisierung gewünscht wurde.

In den USA sollte durch die Unterscheidung von "Basic Services" (Basisdienste) und "Enhanced Services" (Erweiterte Dienste oder Mehrwertdienste) ein regulierter Monopolbereich vom unregulierten Wettbewerbsmarkt unterschieden werden. Diese Nomenklatur wurde von der FCC (Federal Communications Commission) im Zusammenhang mit der Entflechtung von AT&T entwickelt.

In der Bundesrepublik stellten sich mit der Postreform I, zu deren Hauptelementen der Fernmeldebereich gehörte, die gleichen Probleme. Auf Grund der Erfahrungen in den USA werden allerdings die diffusen Begriffe Erweiterte Dienste oder Mehrwertdienste vermieden. Die Neufassung des Fernmeldeanlagengesetzes (FAG) vom 3. Juli 1989 definiert ebenfalls einen Wettbewerbsbereich, d.h. einen Sektor zu dem auch die Mehrwertdienste zählen. Dieser ist dadurch gekennzeichnet, daß es sich um Telekommunikationsdienstleistungen handelt, die für Dritte angeboten und über die Netze der DBP Telekom bereitgestellt werden und bei denen es sich nicht um Vermittlung von Sprache für andere handeln darf (vgl. FAG §1 Abs. 4).[1]

Technikbasierte Abgrenzungen existieren bspw. hinsichtlich der physischen Übertragungsmedien. Die klassischen 2- und 4-Draht-Kupferleitungen, Koaxial- oder Glasfaserkabel sowie Satellitenverbindungen können ebenso als Übertragungsmedium

---

[1] Auch aus wirtschaftspolitischer Perspektive variieren die Abgrenzungen mit der jeweiligen erkenntnisleitenden Fragestellung: Das BMFT kann an der Förderung des Angebotes und der Nutzung von Datenbanken interessiert sein, unabhängig davon, ob dies Online, über Fax oder CD-ROM geschieht. Für das BMPT, das an der Nutzung der Telekommunikationsnetze interessiert ist, können diese Unterschiede von zentraler Bedeutung sein.

dienen wie etwa Richtfunk. Ebenfalls ein technikorientierte Unterscheidung ist die zwischen analogen und digitalen Diensten.

Wirtschaftspolitische oder technologische Abgrenzungen treffen vor allem auf den Einwand, daß aus der Sicht der Konsumenten gleichartige bzw. identische Dienstleistungen als verschieden klassifiziert werden, bzw. umgekehrt völlig verschiedene Dienste wegen der gleichen Basistechnologie unter derselben Servicekategorie subsumiert werden. Allerdings können auch sie unter bestimmten Perspektiven angebracht sein, etwa wenn es um bestimmte Fragen des Netzbetriebes geht, oder wenn eine einfach handhabbare Trennung verschiedener Dienste gesucht wird. Dabei ist aber immer die Möglichkeit gegeben, daß diese Einteilungen von der technischen Entwicklung überholt werden, oder die Nutzer zwischen den derartig abgegrenzten Diensten substituieren, so daß regulierungspolitische Ziele sich nicht durchsetzen lassen.

Funktionale Kriterien, die den Markt aus der Sicht der Nachfrage ordnen, versprechen ein größeres Erkenntnispotential. Solche Gliederungen, die nach dem Nutzen (Gebrauch) für den Konsumenten fragen, beziehen sich auf das Ergebnis des Zusammenwirkens technologischer Faktoren aber nicht auf diese selbst. Solche Kategorisierungen sind auch aus der Sicht der ökonomischen Theorie sinnvoll, denn sie fassen jeweils relevante Märkte zusammen oder bilden jedenfalls eine Vorstufe einer solchen Gliederung.

Verbreitet ist die Unterscheidung nach den Informationstypen Sprache, Daten und Text. Als weitere Kategorie läßt sich die Bildübertragung hinzufügen. Weitere funktionale Elemente, die zur Gliederung der Telekommunikationsdienste herangezogen werden können, sind:

1. Individual- versus Massenkommunikation: Bei der Indivudualkommunikation ist der Teilnehmerkreis vordefiniert, d.h. er wird vom Sender kontrolliert. Individualkommunikation kann nach dieser Unterscheidung auch bei mehreren Teilnchmern – bspw. der Videokonferenz – vorliegen und ist nicht an Interaktivität gebunden. Die wichtigsten Individualkommunikationsdienste werden für die Verständigung zwischen zwei Personen eingesetzt (Sprachtelefon, Telefax u.ä.). Bei der Massenkommunikation sind große Zahlen von Teilnehmern am Kommunikationsvorgang beteiligt.

2. Interaktivität: Bei Simplex-Verbindungen findet der Kommunikationsvorgang lediglich in eine Richtung statt. Duplex-Verbindungen erlauben dagegen den wechselseitigen Austausch von Informationen. Beispiele für Simplex-Dienste sind Paging, d.h. Funkrufsysteme oder Videotext.

3. Synchronität: Innerhalb der Duplex-Verbindungen kann zwischen synchronen und asynchronen Diensten differenziert werden. Bei ersteren kann der Informationaustausch prinzipiell gleichzeitig stattfinden. Bei asynchronen Diensten wird die Nachricht dagegen zwischengespeichert und die Antwort erfolgt mit einer Zeitverzögerung.

Abbildung 6 verdeutlicht die Einteilung verschiedener TK-Dienste entsprechend der behandelten Kriterien.

Diese Systematisierung des Sektors verdeutlicht ein weiteres Problemfeld bei der Eingrenzung des Begriffs "TK-Dienste". Traditionell sind die Bereiche der Medienökonomie und der Telekommunikationsökonomie – also der interaktiven Kommunikationsdienste – eher getrennt. Dies gilt hinsichtlich der Technik, der Anbieter und der ökonomischen Forschung. Entwicklungen wie "Pay-per-channel", "Pay-per-View", "Video-on-demand" und "Multimedia" sind aber ein Indikator, daß diese scharfe Trennung sich mittelfristig verwischen wird.

		Simplex	Duplex	
			Asynchron	Synchron
Individual-Kommunikation	Ein Adressat	*Paging*	*Fax* *E-mail*	*Sprachtelefon* *Video-on-De-mand*
	Viele definierte Adressaten	*Pay-per-Channel*	*Fax-Rund-schreiben*	*Videokonferenz* *Audiokonferenz*
Massenkommunikation	Offener Adressatenkreis	*TV, Radio, Video-text*	*Electronic-Bulletin-Board*	*Audio-Chat-Line*

Abbildung 6: Einteilung der TK-Dienste

4.3 Datenquellen

Weil die definitorischen Grundlagen für den Sektor der TK-Dienste in vieler Hinsicht verschwommen und unklar sind, existieren auch nur vereinzelt verläßliches Datenmaterial und Statistiken. Hinzu kommt, daß auf Grund der historischen Monopolstellung der jetzigen Deutschen Telekom AG deren Geschäftsberichte als einzige Quelle für Daten zu den TK-Diensten bis ca. 1990 ausreichend waren. Dies hat sich in den letzten Jahren durch den Markteintritt der privaten Anbieter vom Mobilfunk bis zur Datenkommunikation entscheidend verändert. Für die Zukunft gilt dies absehbar in noch viel stärkerem Maß. Vor diesem Hintergrund sind bspw. die Angaben im Statistischen Jahrbuch 1994 der Bundesrepublik Deutschland völlig unzureichend. Es finden sich dort unter der Überschrift Nachrichtenverkehr lediglich Zahlen zur DBP Telekom zusammen mit Angaben zur DBP Postdienst (vgtl. Statistisches Bundesamt 1994). An einer ähnlich selektiven Erfassung einzelner Anbieter kranken auch die wichtigsten Informationsquellen für den Bereich der TK-Dienste, die Statistiken der ITU (vgl. ITU 1993).

Ein zusätzliches Problem bei der statistischen Erfassung der TK-Dienste liegt in der weit verbreiteten Fixierung auf Umsatzgrößen. Um die Relevanz eines Marktes zu beurteilen, ist aber der Umsatz und die Umsatzentwicklung unter Umständen völlig irreführend, da der Umsatz vom Grad der vertikalen Integration abhängt. Bspw. existieren im digitalen zellularen Mobilfunk in Deutschland drei Netzbetreiber und 12 Service Provider. Die Umsätze dieser 15 Unternehmen zu addieren, bedeutet, daß die Umsätze, die die drei Netzbetreiber mit ihren Service Providern machen, auf der Ebene der Service Provider nochmals – also doppelt – gezählt werden. Bei der Berechnung von Umsatzgrößen für den Telekommunikationsdienstemarkt insgesamt findet dann sogar schon eine Dreifachzählung statt, da die Inanspruchnahme von Netzdienstleistungen der Telekom etwa für Mietleitungen auf der Ebene der Deutschen Telekom, der Mobilfunk-Netzbetreiber und der Service-Provider erfaßt wird. Durch eine Erfassung der Wertschöpfung auf den einzelnen Produktionsstufen könnte diese Aufblähungen des Marktvolumens vermieden werden.

Die Interpretation von Aussagen zu Marktvolumina und der Vergleich von verschiedenen Untersuchungen setzt außerdem voraus, daß eine ganze Reihe von weiteren Abgrenzungsfragen und methodischen Problemen berücksichtigt werden. Die wichtigsten sind in der folgenden Übersicht kurz beschrieben:

– Wie erfolgt die geographische Abgrenzung von Regionen, insbesondere hinsichtlich des Begriffs Europa? Dabei kann es sich um die EG-Mitgliedsländer, die westeuropäischen Länder mit oder ohne die Türkei, sowie Europa einschließlich der osteuropäischen Staaten handeln.
– Wird nur die geschäftliche Nachfrage einbezogen oder werden auch private Nutzer berücksichtigt? Dies wird zum Beispiel bei Videotex (Btx/Datex-J) und Audiotex (Telefonansagediensten) relevant.
– Sollen nur entgeltliche oder auch unentgeltliche Diensteangebote berücksichtigt werden?
– Sind TK-Dienste für geschlossene Benutzergruppen zum Markt hinzuzuzählen?
– Sollen Inhouse-Lösungen, d.h. eigenerstellte TK-Dienste, einbezogen werden oder soll eine Beschränkung auf Dienste für andere erfolgen?
– Von welchen Wechselkursen wird ausgegangen? Dies ist bspw. bei einer Gegenüberstellung der Zahlen aus verschiedenen Jahren zu berücksichtigen,. Auf Grund des während der letzten fünf Jahre ständig fallenden Dollarkurses sollten bei Verwendung laufender Wechselkurse die europäischen und insbesondere deutschen Marktvolumina, ausgedrückt in Dollar, ceteris paribus schon daher zugenommen haben.
– Darüber hinaus sind inflationär aufgeblähte nominale Umsatzzahlen zu korrigieren, da nur reale Werte sinnvolle Vergleiche über die Zeit hinweg erlauben.

5 Zusammenfassung und Schlußfolgerungen

Zusammenfassend lassen sich für die Abgrenzung und Erfassung der Telekommunikation eine Reihe von Forderungen aufstellen. Ähnlich wie in technischer Hinsicht der Standardisierung eine große Bedeutung zukommt, sollte auch in ökonomischer Hinsicht für die Telekommunikation eine Einigung auf bestimmte Definitionen für die Marktabgrenzung und Marktsegmentierung erfolgen. Solche Definitionen müssen für die praktische Arbeit hinreichend trennscharf sein, dabei sind allerdings absolute, endgültige Abgrenzungen nicht möglich und von daher auch nicht anzustreben. Generell gilt, daß Definitionen lediglich Hilfsmittel darstellen, die nicht ohne Bezug auf den jeweiligen Zweck, dem sie dienen, als richtig oder falsch einzustufen sind. Definitionen und Abgrenzungen sollten außerdem flexibel und allgemein genug sein, um zukünftige technische und ökonomische Entwicklungen einbeziehen zu können. Im Vergleich von TK-Geräten und TK-Diensten sollte das Hauptaugenmerk auf die anstehenden Marktabgrenzungs- und -erfassungsprobleme im Bereich der TK-Dienste gelegt werden. Bei den TK-Diensten gilt es, eine Abgrenzung zu den TK-Anwendungen zu finden. Eine Lösungsmöglichkeit für dieses Problem liegt im Rückgriff auf Übertragung bzw. Vermittlung als konstituierende Elemente.

Gerade im Sektor der TK-Dienste sind auch Verbesserungen der amtlichen Statistiken geboten. Diese sollten im Idealfall durch detailliertere Verbandsstatistiken ergänzt werden und mit ihnen kompatibel sein. Insgesamt ist für die anstehenden definitorischen Fragen und Erfassungsprobleme eine enge Zusammenarbeit staatlicher Stellen – insbesondere BMPT, BAPT, Statistisches Bundesamt -, der involvierten Unternehmen aus Industrie und Dienstleistungssektor einschließlich der relevanten Verbände – bspw. VTM, VDMA, ZVEI – und der Wissenschaft und Forschung wünschenswert. Die auf der staatlichen Ebene von Statistischem Bundesamt, BAPT und Eurostat bereits seit längerem durchgeführten Arbeitsgespräche sollten in diesem Sinne ebenso fortgesetzt und intensiviert werden wie die Tätigkeit auf Verbandsebene im Rahmen von ECTEL. Um eine ausreichende Konsistenz und Vergleichbarkeit der Daten zu erreichen ist es auch wünschenswert, wenn die entsprechenden Aktivitäten des EITO (European Information Technology Obeservatory) in diesen Abstimmungsprozeß integriert werden.

Ziel dieser Bemühungen sollte es sein, für die Bundesrepublik Deutschland und die EU Datenmaterial bereitzustellen, das bspw. dem des Telekommunikationssektors in Japan gleichwertig ist. Vor dem Hintergrund der Eingangs skizzierten zunehmenden Bedeutung der Telekommunikation sollte vermieden werden, daß die statistische Erfassung des TK-Sektors weiterhin umgekehrt proportional zu seiner ökonomischen Relevanz ausfällt.

Literaturverzeichnis

Berger, Heinz; Blankart, Charles Beat; Picot, Arnold (Hrsg.): Lexikon der Telekommunikationsökonomie (Honnefer Protokolle; 6), Heidelberg 1990.
Corsten, Hans: Betriebswirtschaftslehre der Dienstleistungsunternehmungen: Einführung, 2. Aufl., München 1990.
Internationaler Fernmeldevertrag Nairobi 1985, BGBl. 1985 II, S. 485ff.
ITU (Hrsg.): Yearbook of Telekommunication Statistics (20th Edition), International Telecommunication Union, Genf 1993.
Popper, Karl Raimund: Logik der Forschung, 4. Aufl., Tübingen 1971.

Schwab, Rolf: Strukturen des deutschen Außenhandels mit Telekommunikationsgeräten, in: WIK Newsletter Nr. 16, September 1994, S. 27ff.
Statistisches Bundesamt (Hrsg.): Statistisches Jahrbuch 1994 für die Bundesrepublik Deutschland, Stuttgart 1994.

Der Telekommunikationsgeräte-Markt

Volker Jung

Sehr geehrte Damen und Herren,

gerne nehme ich die Gelegenheit war, Ihnen heute zum Auftakt der Diskussion die Sicht unseres Hauses zu einigen wesentlichen Entwicklungen des Telekommunikationsgeräte-Marktes zu präsentieren.

Außer im Vortragstitel selbst werde ich dabei den Begriff "Geräte" weitgehendst vermeiden, da er eigentlich nur zur Abgrenzung gegenüber Telekomdiensten dient und darüber hinweg-täuscht, daß Hersteller wie Siemens längst weit mehr zur Telekommunikation beitragen als nur Geräte, nämlich komplette Kundenlösungen für innovative Telekommunikations-anwendungen.

Da die Marktforschung im Fokus dieses Kongresses steht, werde ich neben den geschäftlichen Perspektiven für unsere Branche – und insbesondere für die Telekommunikation bei Siemens – auch jeweils die Implikationen wichtiger Marktveränderungen in Bezug auf Anforderungen an die Marktforschung reflektieren.

Dichte der Telefonhauptanschlüsse und Bruttosozialprodukt (Bild 1)

Zu Beginn möchte ich gleich ein prominentes Beispiel aus unserer eigenen Marktforschung demonstrieren, das sicher vielen unter Ihnen bekannt sein dürfte, entweder aus Vorträgen und Publikationen unseres Hauses, oder in abgewandelter Form übernommen durch Institutionen wie OECD, Weltbank usw.:

Es zeigt den statistischen Zusammenhang zwischen der Anzahl von Telefonhauptanschlüssen je 100 Einwohnern (der sogenannten Dichte der öffentlichen Telefonnetze eines Landes) und dem jeweiligen zugehörigen Bruttosozialprodukt je Einwohner.

- Zu Zeiten von staatlichen Monopolen für öffentliche Telekommunikationsleistungen und Endgeräte war dieser Zusammenhang zwischen der Entwicklung der Telekom-Infrastruktur (also der Investitionsseite) und der Wirtschaftskraft eines Landes eine solide Basis für zuverlässige Langzeitprognosen über die Entwicklung des Bedarfs, sowohl in Industrieländern – am oberen Ende der Skala-, als auch in Entwicklungsländern – am unteren Ende der Skala. Unsere Marktforschung konnte sich wesentlich darauf abstützen.

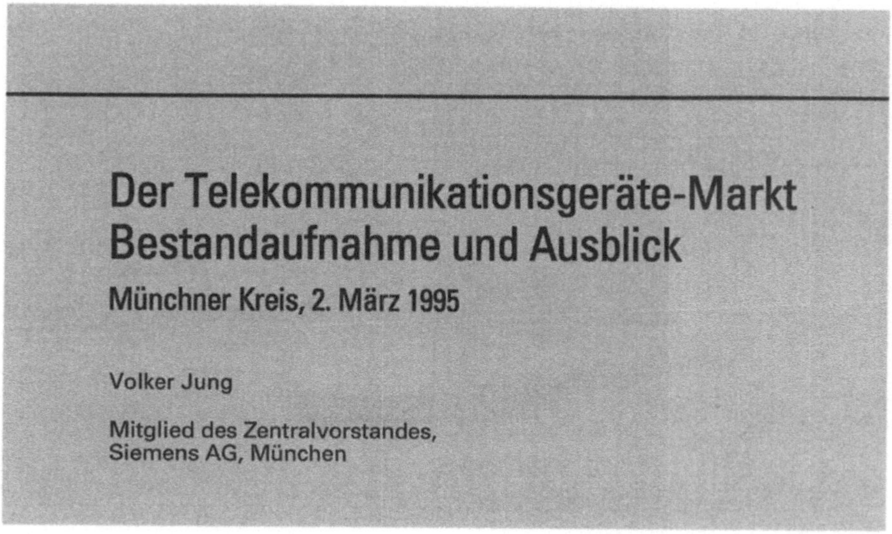

Der Telekommunikationsgeräte-Markt
Bestandaufnahme und Ausblick
Münchner Kreis, 2. März 1995

Volker Jung

Mitglied des Zentralvorstandes,
Siemens AG, München

Bild 1

- Da durch Deregulierung und Privatisierung in den vergangenen Jahren in etlichen Ländern bereits eine Vielzahl von z.T. konkurrierenden Netzen entstanden ist und damit wettbewerbsorientierte Marktmechanismen aktiviert wurden, die sich mit den volkswirtschaftlich orientierten Langzeittrends nicht mehr alle adäquat beschreiben lassen, verliert dieser Zusammenhang für uns immer mehr an Bedeutung, ohne daß ein vergleichbar einfaches und zuverlässiges Modell für Prognosen in Sicht wäre.
Das durch Sprachkommunikation dominierte Marktbild muß außerdem um aufkommende Daten- und Bildkommunikation als wesentliche Marktfaktoren erweitert werden.
Ohne die Diskussion des heutigen Nachmittags vorwegnehmen zu wollen:
Langzeitprognosen werden ein Wagnis!
Damit wird die Erfassung statistischen Datenmaterials natürlich nicht in Frage gestellt.

Dieses Diagramm ist übrigens unserer Internationalen Fernmeldestatistik entnommen, welche auf dem nächsten Bild dargestellt ist, und sicherlich auch den meisten unter Ihnen bekannt sein dürfte.

Internationale Fernmeldestatistik (Bild 2)

Sie wird seit Jahren alljährlich in unserem Hause aktualisiert, an interessierte Kreise verteilt, und enthält diverse Informationen über die meisten Netzbetreiber weltweit, so z.B. Umsätze, Netzgrößen und -wachstum, Investitionen, Gesprächsvolumina etc.

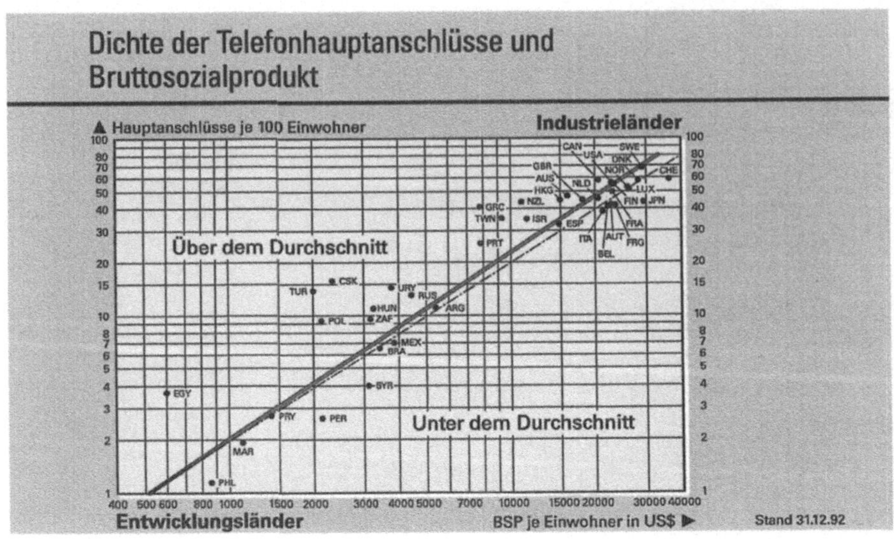

Bild 2

Technologische Entwicklung der Telekommunikationsnetze (Bild 3)

Neben volkswirtschaftlichen Zusammenhängen waren und sind Zusammenhänge zwischen Basistechnologien und damit realisierbarer Netzprinzipien und Standards wesentlich für das Marktverständnis, da sie die möglichen Evolutionspfade von Produktlinien bestimmen.

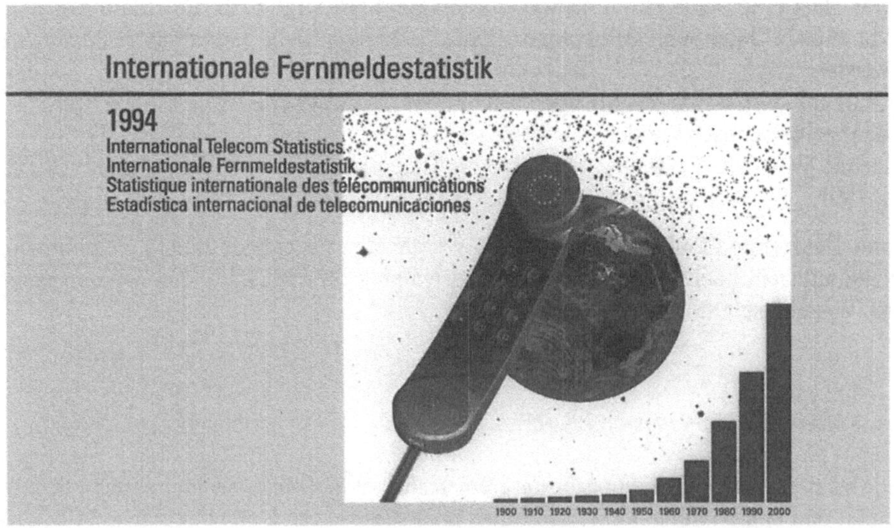

Bild 3

- Technologische Fortschritte in Schlüssel-Basistechnologien wie Mikroelektronik (bis hin zu optoelectronic integrated circuits), optische Übertragungsverfahren über Lichtwellenleiter aber auch im Software Engineering (nicht auf dem Bild dargestellt), ermöglichten in den vergangenen Jahren eine stürmische Entwicklung von neuen Netzprinzipien und Standards. Die System- und Netzleistungsfähigkeit wurde dramatisch erhöht.

  Beispielhaft seien nur die Techniken SDH und ATM herausgegriffen, in denen Siemens eine weltweite Führungsrolle einnimmt und welche u.a. eng mit Konzepten und Anwendungen für den 'Information Superhighway' verbunden sind.

  Gleichzeitig wurden Funktionalitäten durch "unbundling" – d.h. Herauslösen von Funktionalitäten aus proprietären Produkten über offene System-/Netzschnittstellen –auf verschiedenste Netzkomponenten bzw. Endeinrichtungen verteilbar.

  Die Komplexität und Vielfalt alternativer konkurrierender sowie komplementärer Lösungsansätze stieg kombinatorisch. Im zunehmend wettbewerbsorientierten Umfeld muß ein Universalanbieter wie Siemens zunehmend verschiedenste Technologiestoßrichtungen gleichzeitig unterstützen.

- Die Marktforschung steht daher vor der enormen Herausforderung, den Überblick über eine Vielzahl von Technologielernkurven und sich überlappende Substitutionsprozesse zu behalten. Unterschiedlichste Marktindizien müssen herangezogen werden, um "loosers" von "winners" zu trennen. Der Gesamtmarkt muß aus immer stärker fragmentierten Märkten zusammengesetzt werden.

Weltmarktentwicklung 1980-2000, Telekommunikationsendgeräte (Bild 4)

Das Diagramm zeigt die Entwicklung des Weltmarktes von Telekommunikationsendgeräten von 1980 bis 2000 in Millionen Stückzahlen, logarithmisch aufgetragen

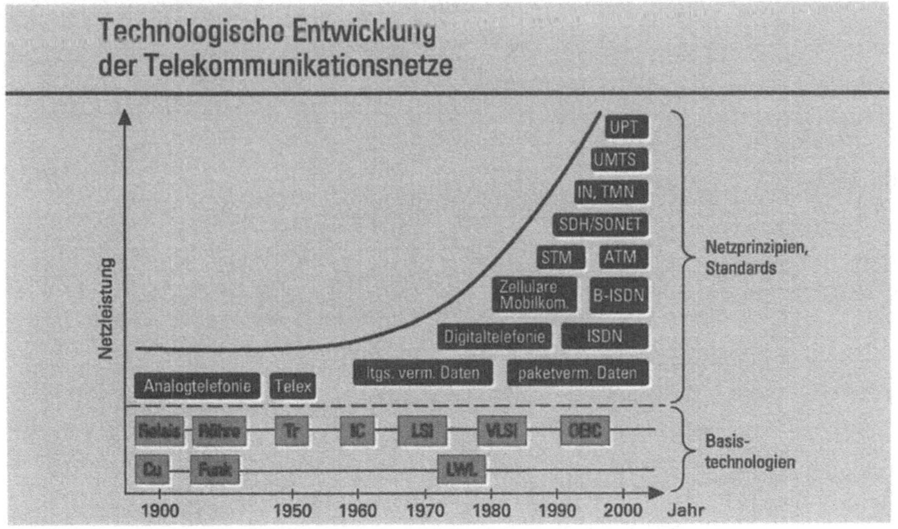

Bild 4

- Auch in diesem Marktsegment erkennt man die zunehmende Diversifizierung. Zum einen ist der Anteil von Endgeräten für Datenkommunikation und Fax auf etwa 1/5 des Niveaus der traditionellen Sprachkommunikations-Endgeräte gewachsen, zum anderen teilt sich der Markt grundsätzlich in schnurgebundene und schnurlose bzw. mobile Endgeräte.
  Die Wachstumsraten der neuen Endgerätegenerationen liegen 4-5mal höher als die bei traditionellen Endgeräten für Sprachkommunikation.
  Die ehemals starre Zuordnung von Hauptanschlüssen zu öffentlichen Endgeräten weicht einer flexiblen Anzahl von Endeinrichtungen, z.B. über mehrere schnurlose Funktelephone pro Anschluß (Basisstation) oder mehreren Geräten am ISDN-Netzabschluß für Sprach-, Daten- und Bildkommunikation, was das Erstellen von Prognosen zusätzlich erschwert.

Neben der Vielfalt von Telekommunikationslösungen im Sinne von Diversifizierung bringt der technologischeFortschritt weitere Veränderungen des Geschäfts.

Technologie-Trends am Beispiel des Mobil-Endgerätes S4 (Bild 5)

Als Beispiel hierzu das neueste Mobilfunk-Endgerät von Siemens im GSM-Standard, das S4, das in einer Woche auf der CeBit in Hannover vorgestellt wird.

- Diese Geräte sind inzwischen völlig den Regeln des Konsumgütergeschäftes unterworfen:
  - halbjährlich eine neue Gerätegeneration
  - entsprechend verkürzte Entwicklungs- und Bereitstellungszeiten
  - ein dramatischer Preisverfall und
  - ein ausgeprägtes Konsumgüter-Marketing.

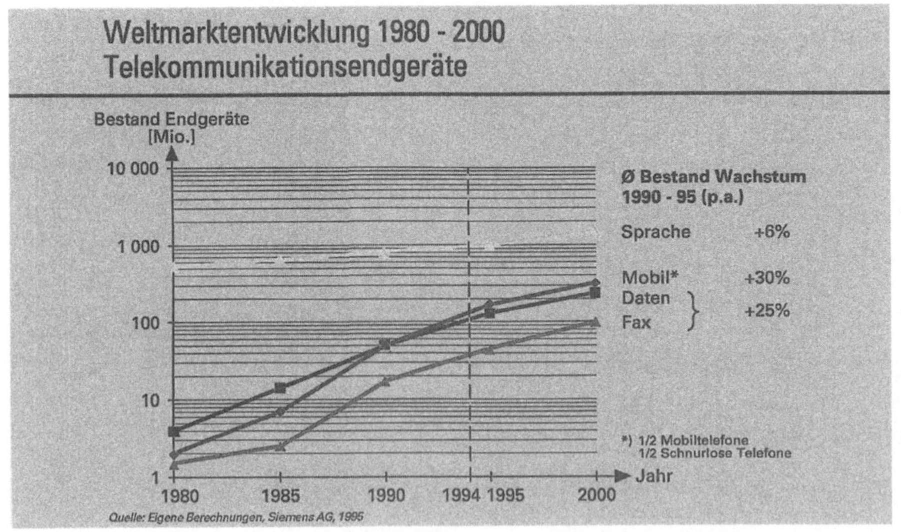

Bild 5

In das S4 integriert ist eine Datenschnittstelle für einen Laptop-PC. Damit steht dem S4-Nutzer zusammen mit einem Laptop-PC überall in Europa, wo es den GSM-Standard gibt, ein persönlicher Kommunikationsassistent zur Verfügung. Dieser Assistent unterstützt komfortables Telefonieren, Organisieren, Senden und Empfangen von Faxen, Datenaustausch per E-mail und mehr.

- Wie hier exemplarisch gezeigt, wachsen Telekommunikations- und Datenverarbeitungs-technik sowie für viele Anwendungen auch Unterhaltungselektronik immer mehr zusammen und setzen innovative Impulse für hybride, sogenannte "konvergente" Produkte mit multifunktionalen, multimedialen Eigenschaften.
- Über strategische Allianzen oder langfristige Kooperationen sichert sich Siemens wie andere große Hersteller eine günstige Ausgangssituation für die sich neu entwickelnden Märkte hybrider Produkte und Netzlösungen.
  Beispiele in der jüngsten Vergangenheit sind die Kooperation "Versit" zwischen Apple, IBM, AT&T und Siemens für Telefon- und Computeranwendungen, sowie zwischen Sun, Scientific Atlanta und Siemens für Multimedia-Anwendungen.

Preisfrage an die Marktforscher: Welchen Statistiken werden konvergente Produkte zugeordnet? Die Gefahr von Mehr-fachzählungen ist offensichtlich.

Weltmarktentwicklung 1980-2000, Telekommunikationsgeräte/-technik (Bild 6)

Dieses Bild zeigt den aggregierten Weltmarkt für Telekommunikationsgeräte/-technik in Mrd. DM für den Zeitraum 1980 bis 2000.

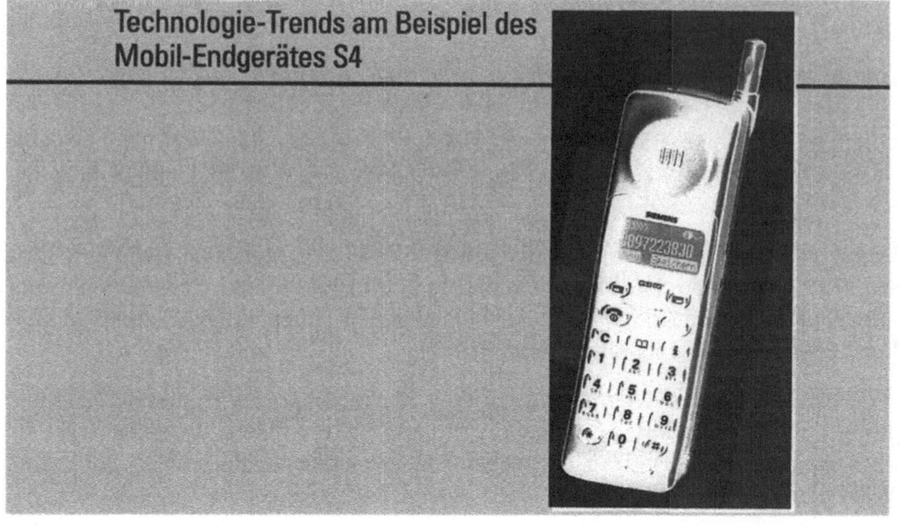

Bild 6

- Die klassische Dreiteilung in
  - öffentliche Kommunikationsnetze
  - private Kommunikationssysteme und
  - Kommunikations-Endgeräte (ohne PC, jedoch inklusive multifunktionaler Endgeräte wie das eben gezeigte S4), haben wir erweitert um einen separaten Anteil für Vernetzungssysteme. In diesem Marktsegment sind alle diejenigen Produkte und Netzlösungen zusammengefaßt, die sich aus der lokalen Vernetzung von Produkten der Datenkommunikation heraus in Richtung LAN-LAN-Koppelung, Campus-Lösungen, Metropolitan Area Networks und Wide Area Networks für private und öffentliche Anwendungen entwickeln.

Bis 1990 noch von untergeordneter Bedeutung, hat dieses Marktsegment in wenigen Jahren beachtliche Größe angenommen. Unser Unternehmen hat 1994 mit der Neugründung des eigenständigen Geschäftsgebietes Vernetzungssysteme dieser dynamischen Marktentwicklung Rechnung getragen.

- Eine nicht explizit ausgewiesene Dimension des Marktes entsteht durch die zunehmende Bedeutung derjenigen Marktsegmente, die durch die Umsetzung von Funktechnologien generiert und induziert werden:
  - Anschlußtechnik (Radio in the local loop)
  - öffentliche Mobilfunk-Infrastruktur
  - funkbasierte private Netzeinrichtungen
  - Mobilfunkendgeräte und schnurlose Endgeräte werden in Summe voraussichtlich ca. 20% des Marktes im Jahre 2000 ausmachen.

Bisher bin ich hauptsächlich auf die Auswirkungen technologischer Trends eingegangen.

Mit dem folgenden Thema Globalisierung möchte ich Ihre Aufmerksamkeit mehr auf strukturelle Marktveränderungen lenken.

Weltmarktentwicklung 1990-2000, Hauptanschlüsse nach Regionen (Bild 7)

Am Beispiel des Teilmarktes für Öffentliche Vermittlungssysteme, auf dem Siemens mit dem erfolgreichen digitalen System EWSD inzwischen in 80 Ländern tätig ist, solldeutlich gemacht werden, wie sich der Herstellermarktregional verändert.

- Das Wachstum der weltweit installierten Basis von 522 Millionen Hauptanschlüssen in 1990 auf rund 850 Millionen im Jahr 2000 wird auf dem Diagramm sowohl nach Regionen als auch nach den existierenden bzw. zu erwartenden Anteilen analoger gegen digitale Technik aufgeschlüsselt.

Man erkennt, daß die Asiatische/Pazifische Wirtschaftsregion in diesem Zeitraum sowohl den weitgehendst gesättigten und digitalisierten Markt in Nordamerika als auch Westeuropa überflügelt und neben Lateinamerika volumenmäßig die größte Wachstumsdynamik entwickelt.

- Die Erfolgsgeschichte von EWSD ist zugleich Ausdruck der Globalisierung des Geschäftes, dem sich Siemens unter den Randbedingungen steigender F&E-

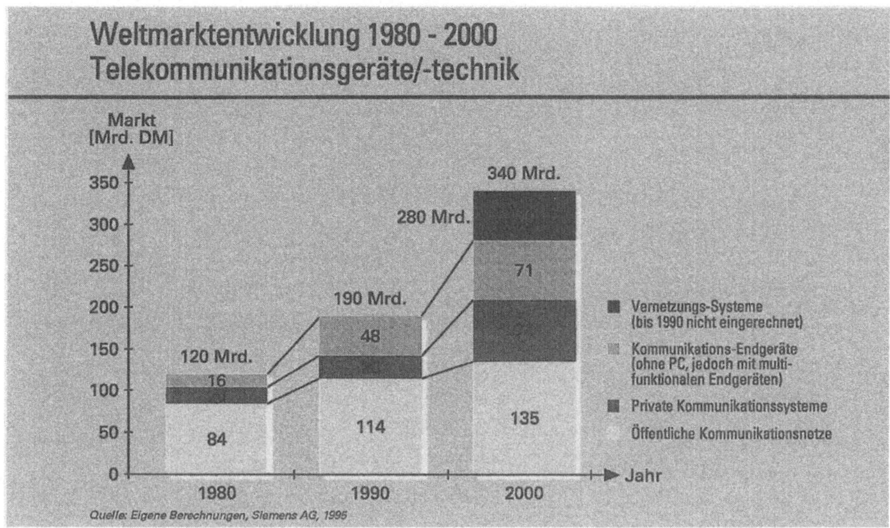

Bild 7

Aufwendungen bei gleichzeitigem Preisverfall stellen mußte. Für Siemens ist daher ein weltweites Informationsnetz unter Einbeziehung aller Landes- und Beteiligungsgesellschaften und internationaler Partner sowie eines schlagkräftigen Vertriebes wichtige Voraussetzung für den Geschäftserfolg.

Damit kommen wir zum Wettbewerb.

TOP 10-Hersteller von Telekommunikationsgeräten/-technik (Bild 8)

- Am Beispiel unseres Unternehmens sieht man, daß die Marktführerrolle unter den Herstellern in 1993 nicht nur durch organisches Wachstum, sondern auch durch die hinzugerechneten Anteile aus GPT und Italtel zustandekommt. Gegenüber der Rangliste des Vorjahres 1992 fehlt Philips, jedoch ist mit Matsushita ein weiteres japanisches Unternehmen hinzugekommen.

- Für die Wettbewerbssituation der Hersteller gilt, daß zwar eine Konsolidierung auf klassischen Marktsegmenten stattfindet, jedoch durch neue Technologien und Anwendungen noch schneller neue dynamische Teilmärkte mit neuen Wettbewerbern entstehen, sodaß insgesamt nicht von einer Konzentration im Sinne von echter Marktdominanz weniger großer Herstellerkonzerne gesprochen werden kann.

Einen wesentlichen treibenden Faktor für das Ausbilden neuer Marktsegmente sehen wir in der für Anwendungen von Mehrwertdiensten typischen Verlängerung der Wertschöpfungskette.

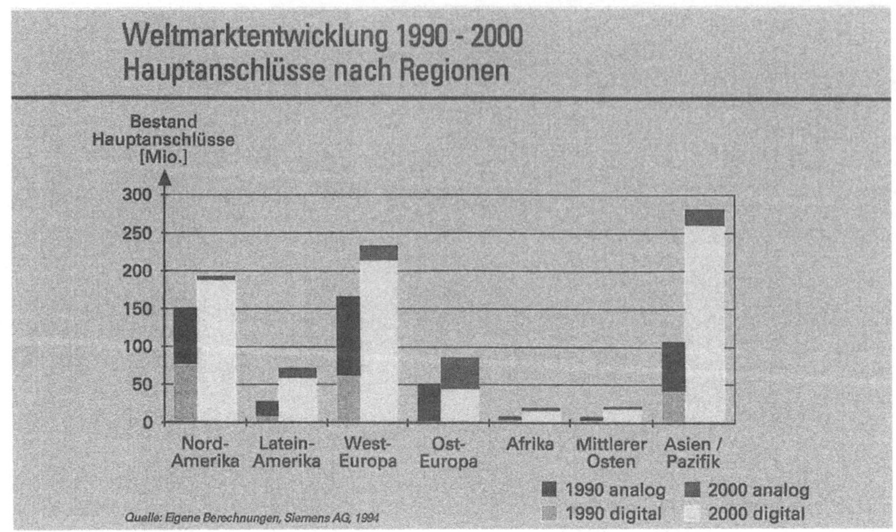

Bild 8

Die Verlängerung der Wertschöpfungskette in der Telekommunikation (Bild 9)

- Die klassischen Partner der Telekommunikation
  - Hersteller
  - Betreiber sowie
  - Privat- oder Geschäftskunden

  werden durch eine ganze Reihe zusätzlicher Mitspieler erweitert:

  - Inhaltsanbieter stellen von Nachrichten über aktuelle Kinofilme bis hin zu Lotsendiensten im Mobilfunk eine breite Palette zur Verfügung.
  - Diensteanbieter nehmen Händler- und Inkassofunktionen wahr – Beispiel Mobilfunk -, betreiben Dienste – Beispiel Teleinfoservice 190 oder Interaktiver Filmabruf -, oder bieten zusätzliche Dienstleistungen an – Beispiel Voice mail.
  - Diensteteilnehmer nutzen Mehrwertdienste – beispiels weise Intelligente Netz-Dienste -, um der Kommunikation mit ihren Kunden eine neue Qualität zu geben – Homebanking, Bestellannahme, Service-Hotline etc. sind auf dem Vormarsch.

- Da immer mehr Partner mit unterschiedlichsten Infrastrukturen und Bedürfnissen in die Realisierung von TK-Lösungen involviert sind, wächst der Bedarf, die vorhandenen Netze und Systeme integrieren oder sogar betreiben zu lassen (Thema Outsourcing).

  Eine Ausprägung von Systemintegration ist das Turnkey-Geschäft, mit dem Siemens in den vergangenen Jahren z.B. erfolgreich zum "Ausbau Ost" in den Neuen Bundesländern beigetragen hat.

Bild 9

Der Dialog mit Partnern bei der Erarbeitung von Lösungen für komplexe Anwendungen mündet in natürlicher Weise in branchenübergreifende Kooperationen, wie das nächste Bild zeigen soll.

Kooperationen bei neuen Telekommunikations-Geschäftsanwendungen (Bild 10)

- Neue Telekommunikations-Anwendungen entstehen in großer Anzahl und erlangen schnell eine signifikante wirtschaftliche Bedeutung.
  Hier drei Beispiele aus dem Bereich Multimedia, bei denen unterschiedlichste Medien, Dienste und Netze zusammenwirken:

  - In Beispiel 1 (Projekt Aramis) wird ein Flugzeug auf einem fernen Flughafen gewartet und repariert, wobei auf die tonnenschwere Papierdokumentation verzichtet wird und alle notwendigen Informationen und Instruktionen per Telekommunikation abgerufen werden können, auch per Video-Übertragung.

  - Beispiel 2 (Projekt Bank) bezieht sich auf Bankenterminals. Die Selbstbedienung wird über das Abrufen von Standard-Informationen wie Kontoständen hinaus erweitert um komplexere Banktransaktionen. Bei Bedarf werden spezialisierte Berater per Videokonferenz zugeschaltet und ggf. Video-Clips über aktuelle Bankprodukte eingespielt.

  - Beispiel 3 zeigt, wie sich im Rahmen von Produktentwicklungen die Entwicklungs prozesse drastisch beschleunigen und Reiseaufwendungen vermeiden lassen. In diesem Fall nutzen Zulieferer und Hersteller die Telekommunikation z.B. für Videokonferenzen, den Austausch von Daten und den gemeinsamen Zugriff

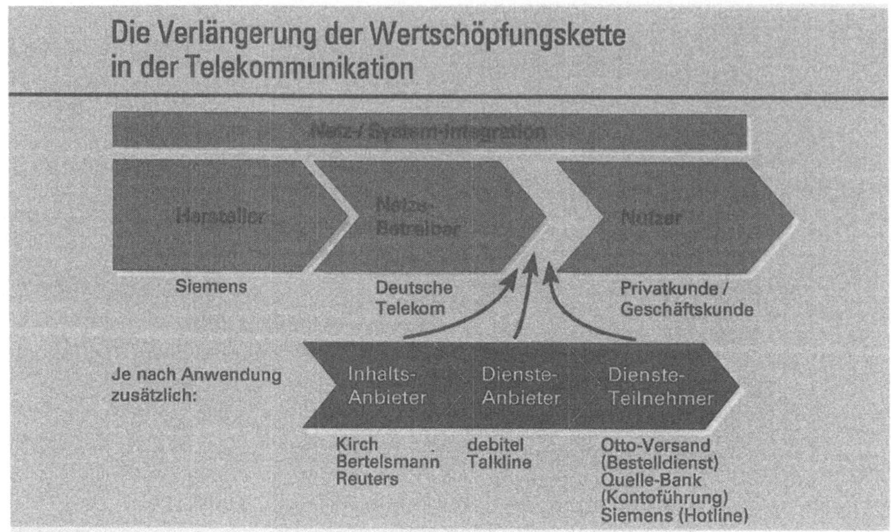

Bild 10

auf CAD-Daten. Die Vision des "virtuellen Unternehmens" rückt so einen Schritt näher!

Die EU fördert seit einiger Zeit die Erprobung dieser u.ä. Anwendungen. Das Ziel solcher Programme geht über den Beweis der technischen Machbarkeit hinaus und soll auch die Vermarktung der Lösungen vorbereiten.

Marktchancen für Telekommunikationshersteller (Bild 11)

Nachdem ich schon über die verlängerte Wertschöpfungskette und die beteiligten Partner in komplexen Anwendungsszenarien gesprochen habe, fasse ich zum Schluß nocheinmal alle Aspekte in einem Bild für Sie zusammen.

- Die Chancen für das Telekommunikationsgeschäft werden unserer Ansicht nach entscheidend durch das kontinuierlich wachsende Spektrum neuer TK-Anwendungen geprägt.

Die Bedeutung von Anwendungen für die Hersteller läßt sich jedoch nur durch einen mehrstufigen Abbildungsprozeß verstehen, den ich im Bild von rechts nach links gehend erläutern möchte:

- Anwendungen der Nutzer werden durch die Kombination von Mehrwertdiensten zusammen mit geeigneten Endgeräten realisiert. Je nach erforderlichem Komfort und Leistungsumfang sind unterschiedlichste Lösungen für ein und dieselbe Anwendung möglich.

Bild 11

- Mehrwertdienste basieren auf jeweils verfügbaren Netzinfrastrukturen Schmal-band-Netze, Breitband-Netze, Mobilfunknetze etc., die öffentlich oder privat betrieben werden.

- Jedes dieser Netze kann wiederum mit einer Vielzahl von Systemen und Produk-ten auf gebaut werden. Erst diese Systeme und Produkte machen zusammen mit den Endgeräten und involvierten Dienstleistungen den Markt für die Hersteller aus.

• Der Erfolg einer Telekommunikationsanwendung hängt damit von dem Nutzen ab, die der Endnutzer – aber auch jeder andere Partner in der Wertschöpfungskette – von der Anwendung hat.

Für uns als Hersteller besteht die Herausforderung darin, die Interessen jedes ein-zelnen Partners – Betreibers, Dienste- und Inhaltsanbieters sowie Diensteteil-nehmers und Endnutzers – zu verstehen.

Diese Funktion wird u.a. durch:

- verstärkte Bemühungen um Kundennähe
- Ausbau der Primärforschung und durch
- das Hersteller-Kundenmarketing

wahrgenommen:

Es werden konkrete Schlüsse für die eigene Produktplanung gezogen und gemeinsam mit den Partnern Ansätze entwickelt, die Telekommunikations-Anwendungen erfolg-reich zu vermarkten.

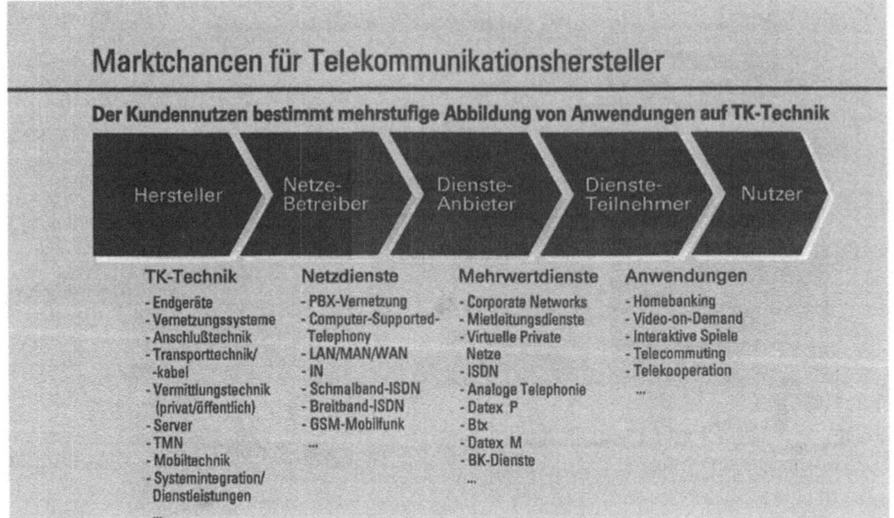

Marktforschung findet somit in einem pluralistischen, offenen Umfeld statt, wobei jede Partei ihre spezifischen Kenntnisse einbringen kann und soll.

Mit dieser Synopsis möchte ich meinen Vortrag abschliessen, in der Hoffnung, für die nachfolgenden Diskussionen nicht nur hinreichend viele Daten und Fakten beigetragen zu haben, sondern auch Ansätze für ein gemeinsames Verständnis des Marktes und der erforderlichen Marktforschungsaktivitäten.

Verbandsstatistik – nutzlos oder notwendig?

Hans Reich

Im Telekommunikationsgerätemarkt verfügen weltweit operierende Unternehmen durch ihre internationalen Marktforschungsaktivitäten über eine Fülle von Informationen zu Marktvolumen und Marktentwicklung. Dieses Wissen, diese Daten sind unverzichtbare Grundlage für die Entwicklung der Unternehmensstrategien.

Was aber kann ein Verband an Daten und Fakten für seine Mitgliedsfirmen erarbeiten? Welche Erwartungen und Forderungen werden an die Verbandsstatistik gestellt?

1 Das Ergebnis: Die Marktliberalisierung erfordert eine umfassende Verbandsstatistik

Diese Fragen werden aus der Sicht des Fachverbandes Kommunikationstechnik des ZVEI beantwortet. Es wird darzustellen sein, daß sich mit den aktuellen Veränderungen des Telekommunikationsmarktes Art und Inhalt der Verbandsstatistik ändern. Als Fazit ist festzustellen, daß mit der fortschreitenden Liberalisierung des Telekommunikationsmarktes die Notwendigkeit und der Nutzen einer breit angelegten Verbandsstatistik deutlich wachsen.

2 Der Ablauf: Von der "heilen" Welt der Vergangenheit in die Komplexität der Zukunft

Lassen Sie uns einen Blick auf den Ablauf meines Vortrags werfen:

– Unsere Frage beantwortet sich aus der Verbandsstruktur und aus der Eigenart der Märkte, in denen die Mitgliedsfirmen aktiv sind. Dies ist unser Ausgangspunkt. Es ist ein Blick zurück auf eine "fast heile Welt".

– Vor diesem Hintergrund sind die derzeitigen Verbandsstatistiken zu sehen. Sie begrenzen sich auf spezifische Produktsegmente und auf eine grobe Segmentierung des Inlandsmarktes für Zwecke der Öffentlichkeitsarbeit.

– Die Branche ist heute mit tiefgreifenden Marktveränderungen konfrontiert. Der Marktzutritt einer Vielzahl neuer Netzbetreiber und Diensteanbieter erschwert die Überschaubarkeit des Inlandsmarktes. Zugleich gewinnt der Markt in der Europäischen Union für die deutschen Herstellerfirmen zunehmende Bedeutung.

– Zur Lösung der Probleme bieten die offiziellenStatistiken kaum Hilfen. Dies gilt für den nationalen Bereich wie auch für die Europäische Union.

– Die Antwort des Verbandes heißt EITO. EITO steht für European Information Technology Observatory. Es ist ein europäisches Marktforschungsprojekt, das der Verband auf den Telekommunikationsbereich ausgeweitet hat.

– Im Ausblick sind die ungelösten Probleme anzusprechen, für die wir gemeinsam in den nächsten Jahren Lösungen finden müssen.

3 Die Ausgangssituation: Eine "fast heile Welt"

Lassen Sie uns zur Ausgangssituation zurückkehren und einen Blick auf Firmen-, Markt- und Geschäftsstruktur werfen.

Der Fachverband Kommunikationstechnik des ZVEI vertritt die Telekommunikationsindustrie in Deutschland. 130 Unternehmen mit einem nationalen Produktionswert von 20 Mrd DM und 125.000 Mitarbeitern sind Mitglieder des Verbandes. Damit repräsentiert der Verband in seinem Tätigkeitsfeld fast 100 % der Branche.

Zum Tätigkeitsfeld des Verbandes gehören in der heutigen Terminologie Öffentliche Netze, Private Netze, Mobilfunk und Endgeräte sowie Sicherheitssysteme gegen Brand und Einbruch. Aus historischen Gründen sind Felder wie BK-Technik, Kabel und Empfangsantennen in anderen Fachverbänden des ZVEI organisiert. Damit bleibt festzuhalten, daß der Verband den Telekommunikationsmarkt weitgehend erfaßt.

Die Firmenstruktur des Verbandes zeigt ein Doppelgesicht. Auf der einen Seite stehen die international operierenden Groß-unternehmen und ihre Tochtergesellschaften. Die detaillierte Kenntnis des Marktes aus eigenen und fremden Quellen ist Teil ihrer Wettbewerbsstärke. Auf der anderen Seite finden wir die KMUs, die kleineren und mittleren Unternehmen mit weniger als 200 Beschäftigten. Zu diesen KMUs zählen drei Viertel aller Mitgliedsfirmen. Die Struktur des Verbandes ist also durch den Mittelstand geprägt. Dieser Mittelstand hat aber kaum eigene Marktforschungsaktivitäten und nur begrenzten Zugang zu professionellen Marktanalysen.

Schauen wir auf die Marktstruktur. Wegen der relativ geringen Größe des Inlandsmarktes ist die deutsche Telekommunikationsindustrie seit jeher exportorientiert. Die Exporte sind von 1.2 Mrd DM in 1970 auf 8.3 Mrd DM in 1993 "explodiert". Dies ist eine Leistung, die die deutsche Industrie durch die flexible Anpassung ihrer Produkte an die spezifischen Anforderungen der Exportmärkte erzielt hat. Im internationalen Vergleich ist der Export sehr hoch. 1993 lag die Exportquote bei 39,5 % gegenüber 28,2 % in Frankreich und 27,5 % in Großbritannien (1992). Schwerpunkt der deutschen Exporte ist Westeuropa. 30 – 40 % der Exporte gehen in diese Region.

Welche Ausgangssituation zeigt nun der Inlandsmarkt?

Dominanter Partner in diesem Markt ist die Deutsche Telekom AG. Rund 50 % des Marktvolumens sind bisher jährlich in den Ausbau und die Modernisierung ihrer Netze gegangen. Darüber hinaus war und ist die Telekom Wiederverkäufer der Industrie bei Telekommunikationsanlagen und bei Endgeräten. Mehr als 60 % des Inlandsmarktes werden deshalb noch heute von der Telekom bestimmt.

Bis in die nahe Vergangenheit hinein war die Telekom ein idealer Partner. Ihre Planungen waren die Geschäftsbasis der Industrie, und diese Planungen waren detailliert und in hohem Maße verläßlich. Ab Oktober des Vorjahres wurden die Plandaten schrittweise mit der Industrie abgestimmt. Im Dezember wurden sie dann quasi "bindend" für das Folgejahr verabschiedet. Der Industrie blieb die Freude der Umsetzungsplanung. Selbstverständlich mußten die Unternehmen auch in diesem Umfeld ihre Vorstellungen über die mittelfristige Marktentwicklung eigenständig entwickeln. Aber insbesondere für die kleinen und mittleren Unternehmen bestand angesichts der detaillierten Kundenplanung keine Notwendigkeit für eine Verbandsstatistik. Der Kunde plante verläßlich für den Lieferanten – eine fast heile Welt.

Gleiches gilt auch für die bisherige Geschäftsstruktur. Die Mitglieder des Verbandes sind Herstellerunternehmen. Bisher reichten ihre Leistungen von der Entwicklung über die Fertigung bis hin zur Installation. Die Vorstufe der Systemplanung und die Endstufe des Systembetriebs waren dagegen Sache des Kunden. Das Geschäft war bisher ein Hardware-Geschäft und für die Statistik eindeutig erfaßbar.

4 Die bisherigen Statistiken des Verbandes: Notwendig, aber im Umfang eng begrenzt

Die geschilderte Ausgangssituation bestimmte den Umfang und die Detaillierung der bisherigen Verbandsstatistiken. Für den Hauptmarkt verfügten die Mitgliedsfirmen durch die Kundenplanung über verläßliche Daten. Die Verbandsaktivitäten konzentrierten sich deshalb auf Produktsegmente, die über eine breite und heterogene Kundenstruktur verfügen und sich in der offiziellen Statistik nicht widerspiegeln. Der zweite Schwerpunkt liegt bei Daten für Zwecke der Öffentlichkeitsarbeit. Jeweils zwei Beispiele möchte ich Ihnen zeigen.

Ein kleines Beispiel für produktspezifische Statistik bietet der Intercom-Markt, also der Markt für Wechsel- und Gegensprechanlagen. Mit einer Ausnahme sind alle Hersteller in diesem Bereich kleine und mittlere Unternehmen. Auf der Basis der Firmenmeldungen führt hier der Verband eine Verkaufsstatistik auf Stückzahlbasis, gegliedert nach Systemgröße. Die Meldungen erfolgen jeweils zum Quartalsende und geben ein Bild der Marktentwicklung in Volumen und Struktur. Die technische Entwicklung hat zwar im Laufe der Zeit die Aussagekraft der Mengenstatistik beeinträchtigt. Sie liefert aber den Teilnehmern dennoch Anhaltspunkte und Trends für die eigene Markteinschätzung.

Ein großes Beispiel ist die Gefahrenmeldetechnik, ein Markt von 2.7 Mrd DM in 1993. Erfaßt werden hier über eine vom Verband initiierte und koordinierte Notarstatistik die Märkte für Brand- und Einbruchmeldetechnik einschließlich Fernsehüberwachung und Zutrittskontrollsystemen. Anlaß für diese Verbandsaktivität ist die Tatsache, daß die amtliche Produktionsstatistik durch die Zusammenfassung aller Systeme unter einer Meldenummer für die Unternehmen keine Aussagekraft hat. Die Aufteilung in vier Meldenummern ab 1.1.1995 wird die Aussagekraft der amtlichen Statistik nur graduell verbessern.

ZVEI - Umsatzstatistik - Gefahrenmeldetechnik -				
Umsätze in TDM	Brand	Einbruch	TV-Über-wachung	Zutritts-kontrolle
1. Endkunden				
2. Vermietung				
3. Wiederverkauf				
4. Summe Geräte				
5. Installation				
6. Instandhaltung				
7. Summe Dienste				

Das Bild zeigt Ihnen die Grobstruktur des Meldebogens für die Gefahrenmelde-technik. Hinweisen möchte ich Sie auf zwei Punkte:

– Neben den Direktverkäufen werden auch Lieferungen an Wiederverkäufer und Mietumsätze erfaßt. Damit werden alle Hardware-Umsätze gezeigt.

– Neben der Hardware werden aber auch die industriellen Dienstleistungen bewertet. In diesem Bereich sind dies die Installationen und vor allem die Instandhaltung.

Hier und in anderen ähnlichen Fällen liegt der Wert der Verbandsstatistik in der Tat-sache, daß sie den Herstellerunternehmen die einzige verläßliche Datenquelle zu Marktvolumen und Marktentwicklung bietet. Voraussetzungen für diese Verläß-lichkeit sind:

– Die teilnehmenden Unternehmen müssen einen ausreichend hohen Marktanteil haben.

– Die Inhalte der Meldekategorien müssen eindeutig sein.

– Die Vertraulichkeit der Angaben muß absolut und dauerhaft gewährleistet werden.

Die Leistungsfähigkeit des Verbandes beweist sich im Management dieser Vorausset-zungen.

Zusätzliche Anforderungen an die Verbandsstatistik stellt die Öffentlichkeitsarbeit. Erstmalig zur ONLINE 1993 haben wir eine holzschnittartige Grobstruktur des In-landsmmarktes vorge-stellt. Zwei Punkte möchte ich hier für Sie hervorheben:

– Erstmals haben wir den Telekommunikationsmarkt in seiner Gesamtheit dargestellt. Das Bild zeigt dies. Wir wollten hiermit sichtbar machen, daß der Markt für Syste-me und Geräte, also für die Hardware, nur 30 % des Gesamtmarktes ausmacht. Auf

Der Telekommunikationsmarkt in Deutschland

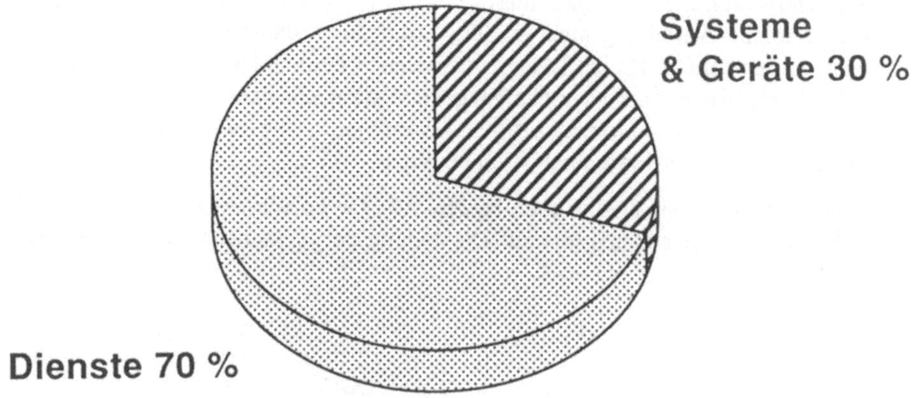

Marktvolumen 65 Mrd. DM in 1992

dieser Basis wollten wir verdeutlichen, daß sich die Telekommunikationsdienste und die Infrastruktursysteme, die diese Dienste tragen, gegenläufig entwickeln. Die Dienste wachsen stetig und deutlich von Jahr zu Jahr. Der Markt für Infrastruktursysteme dagegen schrumpft, weil die Leistungsfähigkeit der Systeme wächst und der internationale Wettbewerb zusätzlich die Preise drückt.

Der Markt für Telekommunikations-Systeme und -Geräte in Deutschland

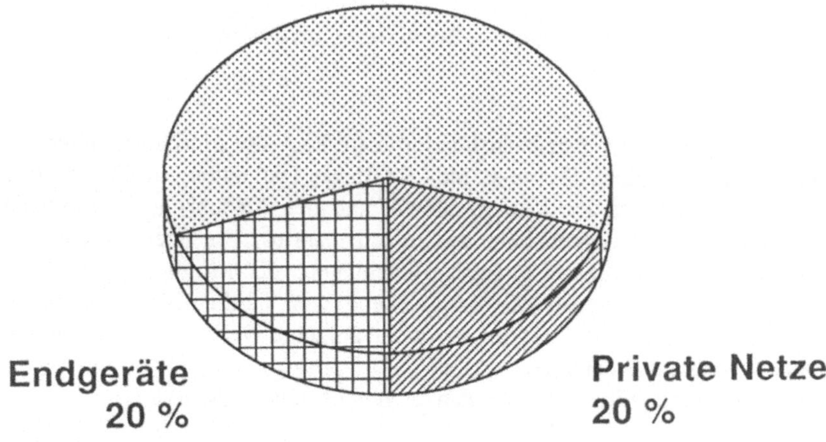

Marktvolumen 19,4 Mrd. DM in 1992

– Erstmals haben wir 1993 auch die Grobstruktur des Hardware-Marktes gezeigt.
  Gravierend waren die Probleme, dieses Bild zu entwickeln. Da die amtliche Statistik eine solche Aufteilung nicht zuläßt, waren die Großunternehmen die einzige
  Quelle für verläßliche Daten. Diese Unternehmen betrachteten damals ihr Wissen
  um die Marktstruktur als Herrschaftswissen. Es hat ein Jahr Überzeugungsarbeit
  gekostet, alle potenten Unternehmen im Gesamtinteresse des Verbandes zur aktiven
  Unterstützung unserer Marktanalyse zu bewegen.

Diese Schwierigkeiten sind heute überwunden. Alle Unternehmen beteiligen sich aktiv
an der Aufbereitung der Daten, die zur Darstellung der Branchensituation notwendig
sind.

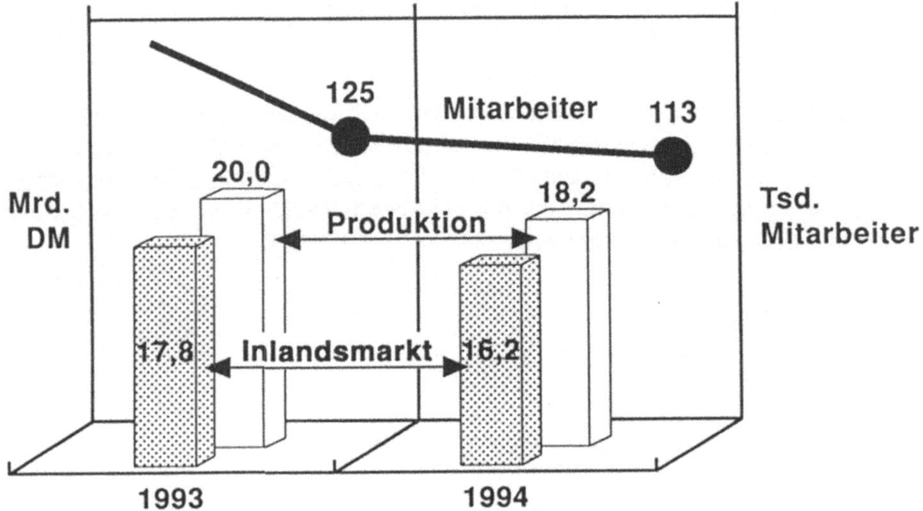

Dieser Darstellung der Branchensituation dient auch die Marktdarstellung, die wir
jährlich zur CeBIT geben. Sie sehen die letztjährige Darstellung in diesem Bild. Auf
der Basis der amtlichen Produktionsstatistik und der Ausfuhr- und Einfuhrstatistik
verdeutlichen wir die Entwicklung des Inlandsmarktes. Ergänzend zeigen wir die
Entwicklung im Personalbereich, die auf Meldungen der Mitgliedsunternehmen be-
ruht. Diese Darstellung ist letztlich unzureichend, weil sie die differenzierte Entwicklung in den einzelnen Marktsegmenten nicht aufzeigt. Wir müssen uns hierzu mit
qualitativen Aussagen begnügen.
    Das ist die heutige Situation. Wohin aber geht es in der Zukunft?

5 Der zukünftige Markt: Unübersichtlich und zunehmend exportorientiert

Die Deutsche Telekom AG war bisher der verläßliche Träger des Inlandsgeschäftes. So war es, meine Damen und Herren. Die Zukunft sieht anders aus.

Der Deutschen Telekom AG steht Wettbewerb ins Haus. Zur Verbesserung ihrer Wettbewerbsfähigkeit wird sie in den nächsten Jahren drastisch ihre Beschaffungen reduzieren. Für die deutschen Herstellerunternehmen bedeutet dies ein Minus von rund 50 % in ihrem zentralen Inlandsgeschäft. Dieser Markteinbruch wird begleitet von wachsender Planungsunsicherheit. Die frühere Berechenbarkeit des Geschäftes mit der Telekom schwindet mehr und mehr.

Der positive Aspekt der Liberalisierung ist der Markteintritt einer Vielzahl neuer Netzbetreiber und Diensteanbieter. Sie werden investieren, um ihre Netze und Dienste für den Wettbewerb mit der Deutschen Telekom AG zu rüsten. Und dieser Wettbewerb beginnt spätestens Anfang 1998. Für die Hersteller-Unternehmer, insbesondere für den Mittelstand, ist dieser neue Markt in Volumen, Struktur und zeitlichem Verlauf nur schwer abschätzbar. Mit der wachsenden Zahl und Heterogenität der Nachfrager wächst auch die Unübersichtlichkeit des Marktes.

Absehbar ist aber bereits heute, daß die Investitionen der Newcomer den Nachfragerückgang bei der Deutschen Telekom AG nicht ausgleichen werden. Damit wird der Export für die deutschen Hersteller noch wichtiger als bisher. Für die Mehrzahl der Unternehmen wird auch künftig der Schwerpunkt der Exporte in Westeuropa liegen. Der Markt der Europäischen Union hat damit einen herausragenden Stellenwert. Die fortschreitende Harmonisierung und Liberalisierung dieses Marktes bringen zusätzliche Geschäftschancen für die deutsche Telekommunikationsindustrie.

Neben der wachsenden Unübersichtlichkeit des Inlandsmarktes und dem Zwang zum Export steht ein dritter Trend: der steigende Anteil der Dienstleistungen am Gesamtgeschäft.

Schon heute sind in Teilbereichen des Marktes rund 10 % des Geschäftes Installation und Instandhaltung. Dieser Anteil wird vor allem im Bereich der Corporate Networks erheblich größere Dimensionen gewinnen. Die Beratung des Kunden, die Planung der Netze und Dienste, die Installation und Inbetriebnahme der Systeme, die Schulung des Kundenpersonals, die Wartung und Instandhaltung der Systeme und schließlich der Betrieb von Netzen und Diensten für den Kunden gehören zunehmend zum täglichen Spektrum der industriellen Dienstleistungen, und dieser "Software"-Anteil wird künftig mehr als 20 % des Gesamtgeschäftes ausmachen.

Blickt man auf diese Trends, so brauchen wir für die Zukunft eine Statistik,

— die den Inlandsmarkt nach Produktgruppen zeigt,

— die in gleicher Weise den Markt in der Europäischen Union abdeckt und

— den Software-Anteil des Geschäftes getrennt erfaßt.

6   Die Probleme der offiziellen Statistik

Unsere Anforderungen sind mit der offiziellen Statistik in Deutschland nicht abdeckbar. Ihre Tiefengliederung ist weit davon entfernt, Hilfestellung für eine vernünftige Marktsegmentierung zu geben. Außerdem spiegelt sie die Marktrealität nicht wider. Der Schwerpunkt liegt bei der Hardware; die industriellen Dienstleistungen werden nicht im tatsächlichen Umfang erfaßt.

Die Probleme wachsen im Quadrat, wenn man nach einer Lösung auf europäischer Ebene sucht. In der ECTEL, dem Dachverband der europäischen Telekommunikationsindustrie, haben wir über ein Jahr hinweg vergeblich versucht, die Aussagen der nationalen Statistiken auf einen gemeinsamen Nenner zu bringen. Die Unterschiede in der Abgrenzung und Erfassung haben diesen Ansatz scheitern lassen.

Somit bleibt nur der Weg, eine Marktanalyse außerhalb der offiziellen Statistik aufzubauen. Hierzu bedarf es eindeutiger Segmentdefinitionen und einheitlicher Erfassungsmethoden. Vor allem aber bedarf es der vollen Unterstützung einer solchen Analyse durch die beteiligte Industrie. Diese Analyse kann nur auf dem getätigten Umsatzvolumen beruhen, denn andere Daten sind nicht abfragbar. Damit betrachten wir an sich den "Schnee von gestern", denn im Wettbewerb ist letztlich nur der Auftragseingang interessant und zwischen Auftragseingang und Umsatz liegen gerade in unserem Systemgeschäft erhebliche Zeitdifferenzen. Aber diese Unzulänglichkeit müssen wir sehend in Kauf nehmen. Was tun wir?

7 Die Antwort des Verbandes: EITO

Die Antwort des Verbandes heißt EITO. EITO steht hierbei für European Information Technology Observatory. Was verbirgt sich hinter diesem Begriff?

EITO ist ein europäisches Marktforschungsprogramm, das 1993 gestartet worden ist. Gegenstand der Marktanalyse war zunächst und vor allem der Markt der Informationstechnologie. Dies ist der Markt für Computer und die zugehörige Software nebst Services.

Geboren wurde EITO aus dem Wunsch der IT-Industrie nach einer europaweiten Marktanalyse, die nach einheitlichen Kriterien aufgebaut ist und die wesentlichen Produktsegmente im Hardware- und Software-Bereich darstellt. Sie sehen, meine Damen und Herren, eine mit unseren heutigen Wünschen identische Interessenlage. Nur war uns hier die Computer-Industrie um einige Jahre voraus.

Treibende Kraft hinter EITO war und ist EUROBIT, der europäische Dachverband der IT-Industrie. Und in EUROBIT ist der Fachverband Informationstechnik im VDMA und ZVEI der Vater des Projektes.

Es ist auch sein Verdienst, daß sich die großen europäischen IT-Messen als Träger des Projektes engagiert haben. Allen voran die CeBIT in Hannover, unterstützt von der SIMO in Madrid und der SMAU in Mailand.

Dies sind die Geburtshelfer des Programms. Die lebensspendende Amme aber ist die EG-Kommission und dort die Generaldirektion III – Industrie. Ohne die finanzielle Unterstützung der Kommission könnte das EITO-Projekt nicht im heutigen Umfang betrieben werden. Zusätzlich wirbt EUROBIT von Jahr zu Jahr neue Sponsoren wie die SICOB in Paris oder die Büro- und Datenmesse in Oslo.

Vor einem Jahr hat die EG-Kommission den Wunsch geäußert, auch für den Bereich der Telekommunikation konsistente Marktdaten für Europa zu erhalten.

Dieser Wunsch hat sich mit unserer Suche nach einer verläßlichen europäischen Datenquelle für den Telekommunikationsmarkt getroffen. In EITO sieht der Fachverband Kommunikationstechnik eine solche Quelle. Wir haben deshalb ECTEL, den europäischen Dachverband der Telekommunikationsindustrie, für eine Unterstützung von EITO gewonnen. Voraussetzung hierfür war, daß wir als nationaler Verband die organisatorische und finanzielle Verantwortung für das Engagement von ECTEL übernommen haben. Damit hat auch im Telekommunikationsbereich der deutsche Verband die Lokomotiv-Funktion übernommen.

7.1 Wie arbeitet EITO?

Eine Task Force aus hochqualifizierten Experten der Industrie definiert den Rahmen und die Inhalte der Marktanalyse. Diese Experten bestimmen auch die Marktforschungsunternehmen, die mit der Marktanalyse beauftragt werden. Für diese Task Force hat der Verband mit Herrn Beckmann von Siemens und Herrn Reik von Alcatel zwei Experten aus den führenden europäischen Unternehmen benannt. Sie können zudem auf das Wissen aller ECTEL-Mitgliedsfirmen zurückgreifen.

7.2 Was bietet EITO?

Teil 1: **Highlights der Marktentwicklung**

Teil 2: **Untersuchungen zu speziellen Produktsegmenten und Regionen**

Teil 3: **Statistiken nach Produktsegmenten für alle Staaten Westeuropas**

38

Das Bild zeigt die Struktur des EITO-Berichtes für 1994. Teil 1 gibt die Highlights zur Entwicklung des europäischen Marktes für Informations- und Kommunikationstechnik; die treibenden Kräfte dieser Entwicklung werden analysiert.

In Teil 2 folgen spezifische Untersuchungen zu einzelnen Produktsegmenten und zu regionalen Märkten, wie hier Osteuropa.

Den Abschluß bilden in Teil 3 die Statistiken für alle Produktsegmente in Europa, ergänzt um Vergleiche zu den USA und Japan.

Optimal ist die regionale Abdeckung. Von Finnland bis Portugal sind alle Staaten der Europäischen Union erfaßt und zusätzlich Norwegen und die Schweiz. Westeuropa – unser Zielmarkt – wird also lückenlos dargestellt.

7.3 Welche Produktsegmente werden erfaßt?

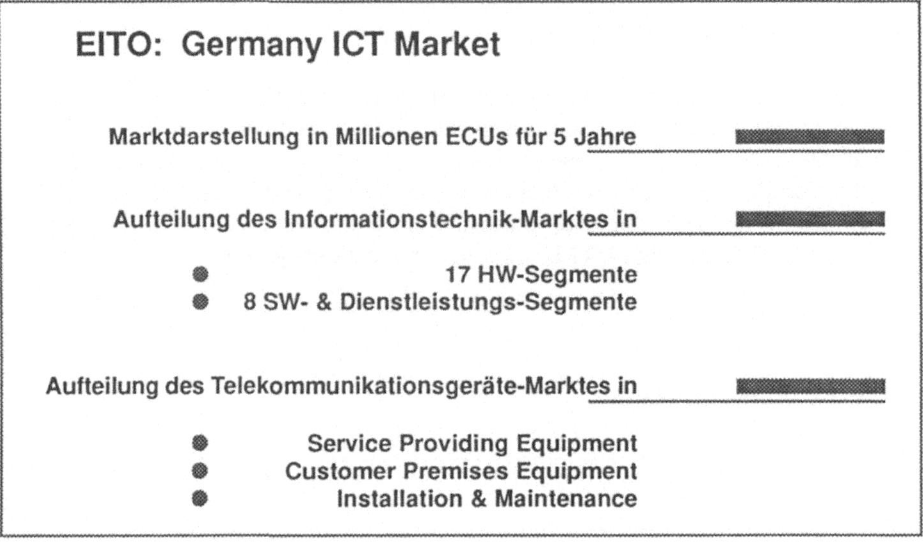

Das Bild zeigt als Beispiel die Struktur der Marktdarstellung für Deutschland. ICT steht hierbei für Information and Communications Technologies. Die Marktdarstellung erfolgt in ECU. Gezeigt werden die drei vorangehenden Jahre, das laufende Jahr und das Folgejahr. Schon ein flüchtiger Blick verdeutlicht, daß der Bereich der Informationstechnik sehr detailliert analysiert wird. Der Telekommunikationsmarkt wird dagegen fast stiefmütterlich behandelt. Trotz des höheren Marktvolumens entfallen auf ihn zwei Hardwaresegmente und ein Dienstleistungssegment.

Hier ist eine weitere Detaillierung notwendig. Wir möchten den Bereich der Systeme und Geräte schrittweise segmentieren. Die ersten Überlegungen hierzu zeigt das Bild. Die grundsätzliche Trennung in Öffentliche Netze und Private Netze wird nur bis 1998 Bestand haben. Dann werden wir die Terminologie – nicht die Märkte – dem Fortschritt der Liberalisierung anpassen müssen.

Für die Telekommunikation muß EITO noch reifen. Die Verläßlichkeit und Detaillierung der Daten muß erhöht werden. Wir werden zwei bis drei Jahre brauchen, um unsere Zielvorstellungen zu realisieren. Das mögliche Ergebnis aber ist den Schweiß der Edlen wert: Es wird ein konsistentes Bild des Telekommunikationsmarktes in Europa sein! Hierfür werden wir Geld und Expertise investieren.

8 Die ungelösten Probleme der Zukunft: Die Erfassung der Dienstleistungen im Telekommunikationsbereich

Mit EITO werden nicht alle Probleme unserer Marktstatistik schlagartig lösbar sein.

Ungelöst bleibt die vollständige Erfassung der industriellen Dienstleistungen. Die EITO-Daten werden diese Dienstleistungen zunächst nur insoweit erfassen, als sie über den System- oder Produktpreis abgedeckt werden. Hier bleibt die Aufgabe, in der Industrie das Bewußtsein und die Bereitschaft zu wecken, die separat verrechneten Dienstleistungen als eigenständiges Marktsegment zu sehen und zu melden.

Im Bereich der Dienstleistungen muß auch die Frage beantwortet werden, wie das Outsourcing von Netz- und Dienstebetrieb zu behandeln ist. Handelt es sich hier um eine Software-Kategorie des System-Marktes oder sprechen wir damit über Telekommunikationsdienste? Persönlich neige ich zur ersten Aussage, denn künftig wird die Bereitschaft zum Netz- und Dienstebetrieb oft die Voraussetzung des Netz- und Geräteverkaufs sein. Der Markt wird hier die Antwort geben.

Zum Schluß bleibt eine breite Grauzone – das Multimedia-Geschäft. Alle Welt sieht hier das Geschäft der Zukunft. Doch wie ist hier die Abgrenzung? Ist der Top-Set noch Teil der Unterhaltungselektronik oder schon Teil der Kommunikationstechnik? Welche Segmente sind der Informationstechnik zuzurechnen? Hier führt die Konvergenz der Techniken zur Konvergenz der Märkte. Wie diese Märkte zu erfassen und zuzuordnen sind, läßt sich heute noch nicht abschließend beantworten.

9 Das Fazit: Notwendigkeit einer EU-weiten Marktanalyse im Telekommunikationsbereich

Zusammenfassend möchte ich feststellen, daß die Marktentwicklung in Deutschland und die Harmonisierung des europäischen Marktes eine allgemein verfügbare Analyse des Telekommunikationsmarktes in Europa erforderlich machen.

Der Fachverband Kommunikationstechnik wird deshalb das EITO-Projekt nachhaltig unterstützen.

Market Research – is it Worthwhile?

Richard Mitchell

Abstract

The subject of the presentation is market research into the telecommunications industry. The reasons for doing market research will be discussed, and some of the prejudices against doing it will be identified. Having identified reasons, the paper will address the problem of definitions in market research, particularly of market content, geographic definition and price. In its simplest terms, primary research is the gathering of original new data from the industry in order to calculate market size, rank order of vendors, methods of channel distribution, user opinions and so on. Secondary research is the gathering of information which is relevant to the market from existing sources, in order to verify raw data gathered from primary research, and to provide input to the forecasting process. The paper will consider methodologies of primary and secondary research, and some of the problems that are encountered during these processes. It will demonstrate the ways in which secondary research can be used to validate raw data, and discuss some of the software tools that can be used to automate data entry and validation tasks. Finally the paper will consider the various approaches that can be used in making forecasts concerning the future market, and the degree of accuracy of these forecasts.

Biography

Richard Mitchell is Group Director of the European Telecommunications research group at Dataquest Europe, located at High Wycombe, near London, England. This is a group of sixteen analysts who specialise in different sectors of the European telecommunications market, such as data communications, voice communications, personal or mobile communications, and the activities of the public operators and their suppliers. Rigorous research is carried out at individual country level, down to specific segments or models, in order to provide business-decision support for the telecommunications industry.

Slide 1: Title Slide

Telecommunications industry, and a large part of this consists of market size, share and forecast statistics. I am therefore very pleased to have been invited today to address the Münchner Kreis on the subject of market research on the telecommunications sector. To speak plainly, is it worthwhile, or is it a waste of time?

In today's presentation I shall first discuss the reasons for doing market research, and some of the prejudices *against* doing it. Having identified reasons, I shall define

Slide 2: Agenda

types of research as primary or secondary, and show how rigorous definitions are *essential* if the resulting information is to be within useful limits of accuracy. I shall then move on to examine the *methodology* of achieving primary research, and the many challenges which are encountered by Dataquest as it attempts to properly quantify the market. Once the raw data has been gathered, I shall discuss the use of secondary research to add further information, allowing data to be rationalised with the input of information which is already available from other sources. I shall show how the use of technology is able to aid this process, and finally I will discuss the various approaches that can be used in making forecasts of market direction in the future, and the degree of accuracy of these forecasts.

Slide 3: Why do Market Research?

Market research is a big subject, so in the time available today I shall be restricting my discussion mainly to Dataquest's assessment of market size and forecasting, and I shall not talk about custom surveys such as image satisfaction.

Dataquest assesses all the manufacturers in a particular market, and ranks them according to their size by revenue and by unit shipments. It performs two functions to the industry in this context. Firstly, companies are more prepared to give confidential information about market shipments, on the understanding that Dataquest will use the information to assess total market size, but not to release detailed and confidential information about, for example, their model-level pricing strategy. Secondly, we are not competitive in the markets, we do not care who is top: our business is simply to report the most accurate picture of the market that we can provide. In this sense, Dataquest is an impartial observer of the market.

It is useful for companies to be able to compare their market position and market share in specific countries or across regions, so that they are able to assess their performance versus that of their competition. Market sizing information makes business plans more sensible. Many companies who enter a market for a first time are given directives which sound impressive in press releases, but which can cause embarrassment because they are impossible to realise. For example, gaining a market share of 10 percent may be possible in a market with a few large competitors, but impossible in a fragmented market.

Slide 4: Why do Market Research?

Dataquest has sixteen analysts in Europe who specialise in different sectors of the telecommunications market. In assessing market size they talk to vendors, review products and technologies, assess the impact of new players, and consider the market factors that influence a product's success or failure. This allows them to have an informed opinion about emerging technologies such as ATM in the networking arena, computer telephony integration in the voice/desktop arena, and so on. Market statistics show average pricing, and low or high price limits. Product features are recorded, such as package type, number of trunks, type of display. These features can be compared between manufacturers to see where important features are lacking. Manufacturers and distributors provide information which allows Dataquest to assess how the product gets to market, and shows change in distribution channel by country market, or fluctuations with time as the product becomes more commodity in nature. Last but not least, surveys of end user wants and needs provides independent information to feed into the forecasting process, and insight into what will be in demand in the future.

Slide 5: Who uses Telecoms Market Research?

Market research is used by all of the different groups shown on this slide. The main users are the manufacturers and operators, closely followed by *semiconductor* vendors, who need to understand the size of the industry into which they feed components. *End users* want to know what products and services are successful in the market, in order to direct their own buying strategies. *Journalists* need analyst input on marketing and technical issues to help build their understanding of a market about which they are writing. *Venture capitalists and investment banks* need analyst input to help them make funding decisions, and government and trade associations need information for politicians or for association members. A stated goal of the Münchner Kreis is to unite science, commerce, industry, social policy, the media, law and politics. I believe that effective market research feeds information into most of those institutions and therefore promotes a common understanding. In that sense it is good.

But in case you think it is easy, I would now like to give you some insight into some of the challenges that can be encountered in the market research process.

Here is a typical Dataquest chart showing the history and forecast over a ten year period for the European telecommunications market. You can see that the split between public and private equipment is shown, and that the market shows positive growth throughout the forecast period, with a larger growth of revenue in the private sector. However, it is not evident from this chart precisely what markets have been included in the two sectors. Let us take a closer look.

This time we see each of the major market segments defined by Dataquest for telecommunications. Unfortunately it is still not obvious from the chart precisely what is included. What we see emerging is a problem of knowing how precisely the market is defined.

This time we have taken a closer look at one particular sector of the market—the market for different types of digital wide-area network equipment. Here at last, then, we have probably reached sufficient detail to understand what is *included* in the 'Digital WAN" statistics, although we could go further, for example to classify different types of backbone device into different technologies.

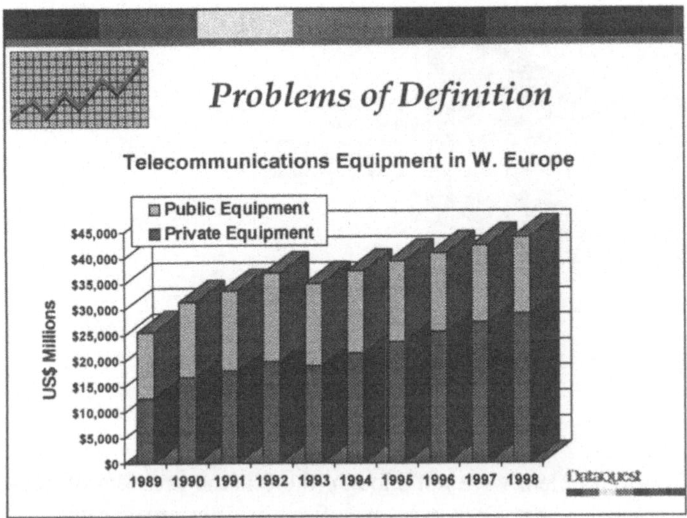

Slide 6: Problems of definition

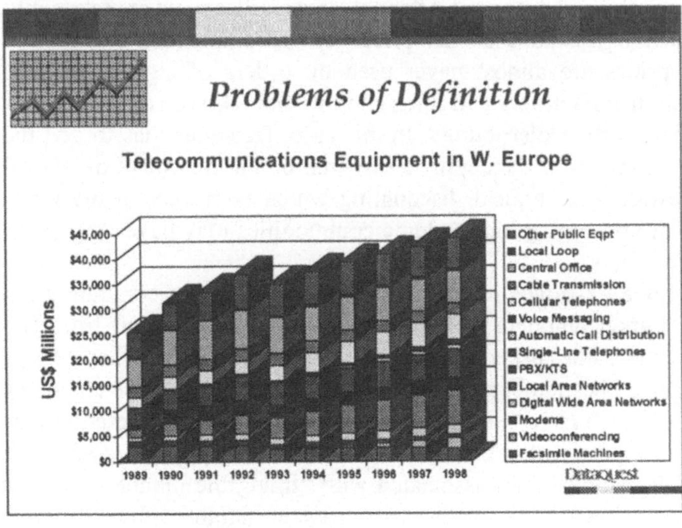

Slide 7: Problems of definition

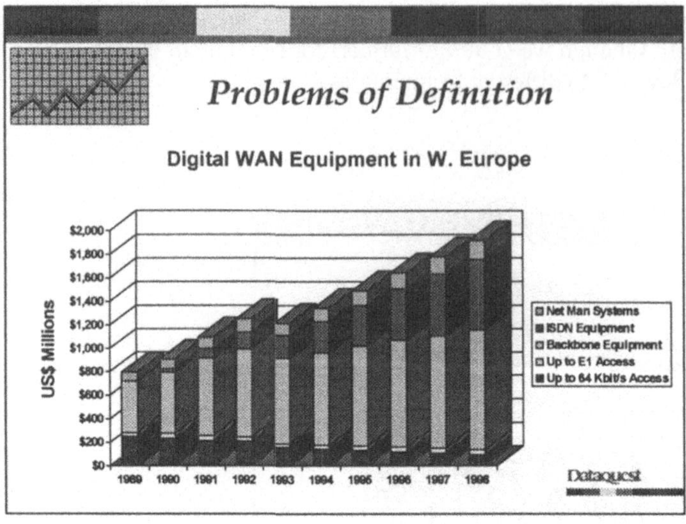

Slide 8: Problems of definition

As if the market definition problem were not enough, there is the problem of geographic definition. The countries that Dataquest specifies for Western Europe are published and standard and used across all our products, but other organisations may use a different definition, so that one or more of the minor countries can be excluded and contribute to numerical disparities.

Price is another area of confusion. Dataquest measures the "end-user selling price", which means the price that the end user paid, after any special discounts are taken into account. It is fairly meaningless to use "list price" or "recommended retail price (RRP)" because these prices are almost never used on orders of significant size. Another confusion is that manufacturers will often supply "end-user prices" which are, in fact, prices as supplied to their distributors. In this case, Dataquest has to add the distributor mark-up percentage, and then apply a discount on all the orders of significant size, using its knowledge of typical discounting which is current in the given market. Markets which are becoming high-volume commodities may have very significant discounts on large orders.

In the light of the above examples of problems with definition, a common complaint I receive is that market numbers from my competitors are different from Dataquest's numbers. I am sometimes asked why Dataquest does not get together with its competitors and check that the numbers are the same. Clearly Dataquest could not change its own statistics, which have been based on a rigorous research methodology, simply because they don't agree with others. I would also be unhappy about any such discussion, because of the moral issues associated with "fixing the numbers" so that they agree. The most common reason for disparity between numbers from different research companies is that the definitions of market, geography or price are different. The other reason, ladies and gentlemen, is that our competitors are *wrong*!

Slide 9: Methodologies of Primary Research

Primary research is defined as the gathering of first-hand information by surveying manufacturers, distributors and end-users. Information gathering is carried out in three basic forms; mailed questionnaires, telephone interviews, and face-to-face interviews. Each method has its own strengths and weaknesses.

Mailed questionnaires allow the manufacturer to read and understand market and geographic definitions, and to respond when they have gathered the necessary information from their colleagues. However, there are various problems, as we shall see, which slow down the retrieval process.

Telephone interviews are excellent for end user surveys, but they are not very good for getting manufacturer shipments. First, from a psychological perspective, manufacturers feel less secure about detailing their shipments to somebody over the telephone. But worse than that, they do not have the numbers available at the time of the call. Telephone interviews are, however, ideal for end user surveys. In this case, the end user of telecommunications equipment is asked for *opinions* rather than numbers. For example, "Are you using frame relay in your network today?". "Do you plan to be using frame relay in two years time?" Putting together the opinions of a statistically significant number of users produced information about the *demand side* of the market which is fed back into the forecasting process by the analysts.

Face-to-face interviews are more expensive but are the best way of getting end user views, and are also quite effective at providing market numbers.

Now let's examine some of the many problems which stand in the way of primary research.

Companies come and go in the market, and the people who responded to the questionnaire last year have very often moved to a different job in the meantime. The first challenge, therefore, is finding the right person to respond. Respondents may promise

Slide 10: Problems with Primary Research

return by a certain date, but fail to keep the promise due to other commitments. New entrants are generally suspicious of Dataquest as no close relationship has been established—it takes time to establish trust that Dataquest will protect their confidentiality. It may be company policy that no market information is *ever* given out, in which case Dataquest sends estimates of the company's shipments, based perhaps on information from distributors, and invites the manufacturer to comment on any significant errors.

Slide 11: Problems with Primary Research

There may be language barriers too. Dataquest recruits analysts that are experts in their field. It would be useful to have such a team of experts which also speaks every major European language, but not cost-effective. Commodity markets are usually better at supplying market information than are low-volume, high-price markets such as PBXs or central office switching systems. It is also the case in a surprising number of cases, even with very large companies, that product managers simply *do not know* what has been shipped in the previous year until they go through sales ledgers and add up actual shipments. There is a problem of product definition, too, where products are modular and may be configured with many or few line cards.

Having discussed methods of gathering raw data about the markets, ladies and gentlemen, I would like to move on to discuss the importance of secondary research.

Secondary Research

- Information from other sources
- Validating the reported data
- Sudden changes in market share
- Using Dun & Bradstreet financials
- Cross-checking with other information from
    - Distributors
    - PC industry shipments
    - Semiconductor shipments
    - PTO service providers
    - Software licensees
    - ...etc

Dataquest

Slide 12: Secondary Research

Secondary research is information which already exists from other sources, which is used to cross-check the raw data obtained from primary research. It is also at this stage that information from different primary sources can be cross-checked. The problem is that not everyone gives a precise reflection of their shipments. Sometimes this is deliberate, where the numbers are exaggerated in an attempt to gain market share in the numbers reported by Dataquest. There are frequently problems where numbers from head office and from individual subsidiaries do not add up correctly, due to problems of communication inside the manufacturer companies. Quite often we encounter political situations inside companies, where the subsidiaries actively refuse to report proper numbers to head office, but are prepared to give them to us. The resulting numbers may then be disputed by head office!

Dataquest will check numbers if there has been a sudden and unexpected change in market share, and may ask vendors where the products were actually shipped. A common error on large orders, for example, is that marketing managers report the size of the total order (which may last over three years), rather than the shipments in that specific year.

Dataquest is part of Dun & Bradstreet, the financial and credit information provider. Dun & Bradstreet is used as a resource to provide company financial information. I recall one case when a financial check was carried out following a big change in the reported numbers for some modem shipments, and the reported shipments amounted to a revenue *six times larger* than the company's annual turnover! In this case we were able to point out to the vendor that a `*mistake*' seemed to have been made...

Dataquest also cross-checks telecommunications market data with a variety of other sources, such as distributors, computer industry shipments, semiconductor industry shipments, PTO service providers, government reports, economic reports from Dun & Bradstreet, and data from trade associations. Government reports giving demographics, and information such as ITU statistics represent valuable input to the analyst.

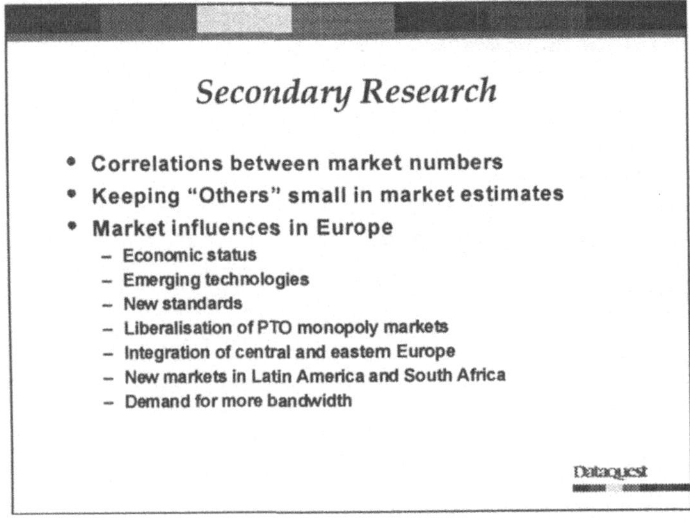

Slide 13: Secondary Research

In the markets themselves, there are certain numbers which correlate together very closely; for example, PC shipments and local area network card shipments are closely related. The PTO service providers can also be a rich source of useful information; for example, Dataquest surveys service providers about their installed base of basic rate and primary rate interface ISDN connections in use, and their forecasts for future ISDN line usage. These are then correlated with ISDN terminal adapter market estimates in order to produce forecasts which make sense. Another example is seen in the close relationship between PBX port installed base and business telephone installed base.

In creating reliable data, there will always be some small players in the market which are aggregated together and referred to as "Others". Dataquest's aim is to make this value for "Others" as small as possible, and to maintain databases which are able to report the smaller players within Others if required. Analysts will take into account their knowledge of the market in understanding whether shipment data is reasonable. For example, a new company may enter the market with a significant market share because it is introducing a new technology, or a lower price, or an additional valued level of functionality. The telecommunications market is extremely dynamic, and is affected by a number of different factors in Europe, such as economic status, emerging technologies, new standards, the liberalisation of the PTO monopolies, the integration of central and eastern Europe with the West, and the demand for more bandwidth by users who need efficient networks in order to compete effectively. Analysts have a non-company-centric viewpoint, and they look at all countries in Europe. They also liaise with their colleagues in our other research offices in California, Boston, Tokyo and Hong Kong, to see the events in other parts of the world which will affect the European theatre.

Slide 14: Secondary Research

In general, market *statistics* are not gathered from users, but they are polled for their opinions instead. Experience suggests that it is not feasible to produce good market sizing information from user surveys unless they are very large and unless the data is gathered in a reliable way and checked rigorously. A telephone interview, for example, would not be a reliable way of assessing the actual installed base of telecoms devices in a user network. However, users can give invaluable insight regarding their own wants and needs in the markets, particularly regarding emerging technologies such as ISDN, computer telephony integration and ATM.

Once the numbers have been validated, a few of the leading players in the market will be asked for their private comment on the top ten rank order and numbers shown. If several vendors all point to a particular company's numbers being too high, for example, this will trigger a further check on shipments from that organisation.

Some people will always dispute the numbers; for example, Dataquest may have made a more conservative forecast about the development of a market than a product manager has put into his or her business plan—accepting Dataquest's numbers may mean that there is no longer a case for operating in the market. It is also difficult for companies that have previously been top to accept that they are suddenly in second or third place. It is surprising how many companies claim to be number one in the market! Advertisements which make references such as "according to Dataquest", however, always have their claims validated by us before we allow our name to be used.

Slide 15: Software Tools

The data which is gathered is entered into a relational database that Dataquest has developed. Data may have been supplied in local currency, or in the currency of the headquarters country for the company, or in a common currency such as ECUs or US dollars. As this data is entered, the database tool permits automatic currency conversion of price and revenue information, using a table of exchange rates which is supplied by Dun & Bradstreet and which is, of course, different for each year of data entry. Information about the features of specific product models may also be entered, which allows comparison of market shares or trends by feature. For example, the different types of package type for a modem can be compared, or the market share between ISDN telephones and ordinary telephones, as it changes over time. Data such as PBX information may be supplied in ports or systems, and the database needs to be able to accommodate both types of data entry. Once data has been entered it can immediately be compared in different cuts and across different countries, so that anomalies can be highlighted at an early stage.

The use of electronic information sources can greatly enhance the speed at which secondary research information is able to be gathered. This year for the first time we have begun to communicate with many vendors through email via the Internet.

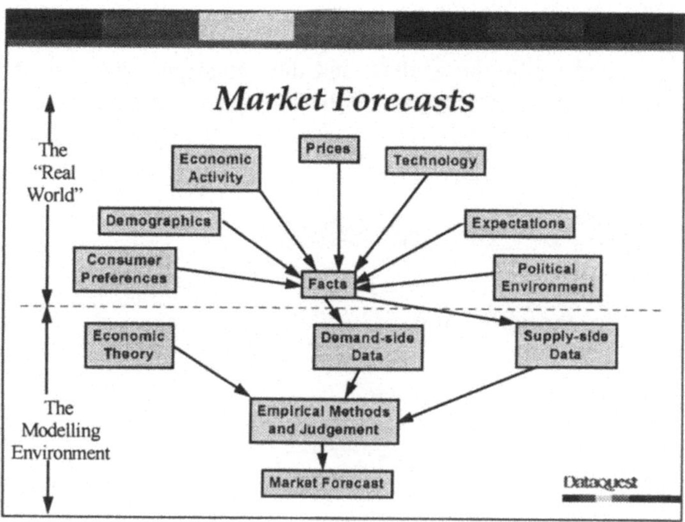

Slide 16: Market Forecasts

Once the latest market figures are completed, this history is one of the inputs used to make the forecast. Manufacturers are generally asked how well they have performed so far in the current year according to their business plan for the given model, and this gives a good model-level forecast for the current year, which can be rolled up into a total market forecast. Analysts will take into account many different factors when making forecasts, but the final forecasts will usually be an amalgamation of analysts experience and judgment. Models are used wherever possible, for example to link ISDN terminal adapter numbers with ISDN line forecasts from PTOs. Analysts will select whether to start the forecast by units or by revenue. Normally the market can be expected to grow exponentially as it starts, with growth rates falling off as the market matures, until the market peaks and begins to decline, perhaps because of saturation, but more commonly because of a new technology which makes the products in the declining market obsolete. Price can generally be expected to decline with time, and the rate of decline depends on history, trends in other countries, and the lowest reasonable price which the product can be expected to reach. For lowest price, the future component cost is considered, together with the necessary price mark-ups at different stages in the manufacturer and distribution channel. Because of price erosion, the market peak for revenue will generally occur earlier than the peak for unit shipments. Certain constants are assumed at the start of the forecast; for example, Dataquest does not attempt to forecast changes in exchange rates over the five year forecast period.

Once a preliminary units and price forecast has been made in each market, comparisons of price and growth rates between different countries can be made. Here, the state of the economy in each country will be taken into account by the analyst. The market splits between different markets will be considered, and tie ratios may be adjusted in order to add further growth to a market which looks too small when compared with other markets in the sector. The buying plans of end users will also be taken into account in the composition of forecasts. Ultimately, forecasts represent many different factors which are weighed up by the analyst, and they must pass the test of reasonableness when compared across country, across technologies and across markets.

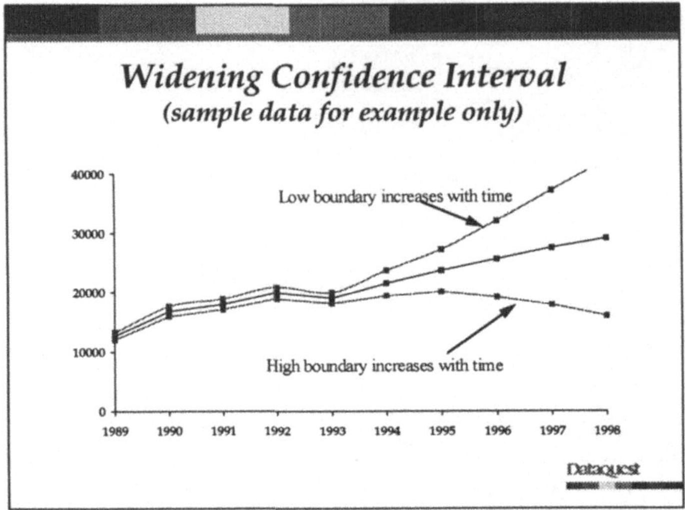

Slide 17: Widening Confidence Interval

Uncertainty increases into the future. The first year will be a good forecast, normally within 5 or 10 percent of actual. The first three years will be reasonable, but by the third year the *confidence interval* begins to widen. This is the degree of confidence, plus or minus, which should be applied to the forecast. Here I have shown some example data, where the confidence interval by the time the fifth year is reached has increased to plus or minus 45 percent. In reality, different markets have different confidence envelopes according to their own unique characteristics.

Dataquest formally assesses the first year of forecast to see how the actual data matches with the forecast results, and this data is published. The analyst will review the success of his or her previous forecast when they are updating the forecast, to see if they were too optimistic or too pessimistic, and to make judgments about the reasons for any errors.

The forecasting process then, ladies and gentlemen, is not generally achieved with tight mathematical models, since it is very hard to make the model take into account every aspect of the market. This is not to de-emphasize the importance of mathematical modeling, however. Mathematical models *are* used and will contribute to the analysts' final assessment of the market. But in the end, it is the analysts ability to consider all the different influencing factors on the market, and his or her knowledge of the factors such as standards or new products which may change the shape of the market, which produce a forecast which is considered reliable by manufacturers.

Now I would like to summarise the main points of the presentation again.

Slide 18: Summary

Definitions must be clear if the market is to be understood. For example, some manufacturers buy statistics from several different researchers and create an average from all the estimates. Unless the definitions used are completely understood, this produces a meaningless average which is worse than any of the individual results.

Primary research is used to gather new data about a market, and the process of gathering data is by no means simply a matter of asking for the data, and getting it. Secondary research is carried out to check the data, by using comparison data from other sources such as distributors or public telecoms operators, and from electronic sources such as newswire services and press release bulletin boards.

The forecasting process takes into account many factors which have had an effect on producing the actual market numbers, and many factors in the future, such as standards, technologies, new products or political demands, that influence the forecast.

All these efforts occupy a large part of the time of Dataquest's analysts, in order to provide information which is useful for manufacturers to assess their performance, venture capitalists to decide where to invest, journalists to inform their readers, and users to benefit from telecommunications products which are independently assessed as the leaders in the field. In conclusion, ladies and gentlemen, I do believe that market research is not only worthwhile, but essential as a feedback mechanism to understand what is really going on.

Thank you for your attention.

Ein Markt im Umbruch –
Die Sicht der Deutschen Telekom AG

Hagen Hultzsch

Die Entwicklung der Telekommunikationsdienste

Das Entstehen des Informationszeitalters hat Auswirkungen sowohl auf die Beschäftigung – ein immer größerer Teil der Bevölkerung ist im informationsverarbeitenden Sektor tätig – als auch auf die Entwicklung des Dienstespektrums. Während sich der Anteil der dort Beschäftigten im Verlauf der letzten Jahrzehnte stetig erhöht hat, kann man hinsichtlich der Entstehung neuer Dienste geradezu von einer Explosion sprechen.

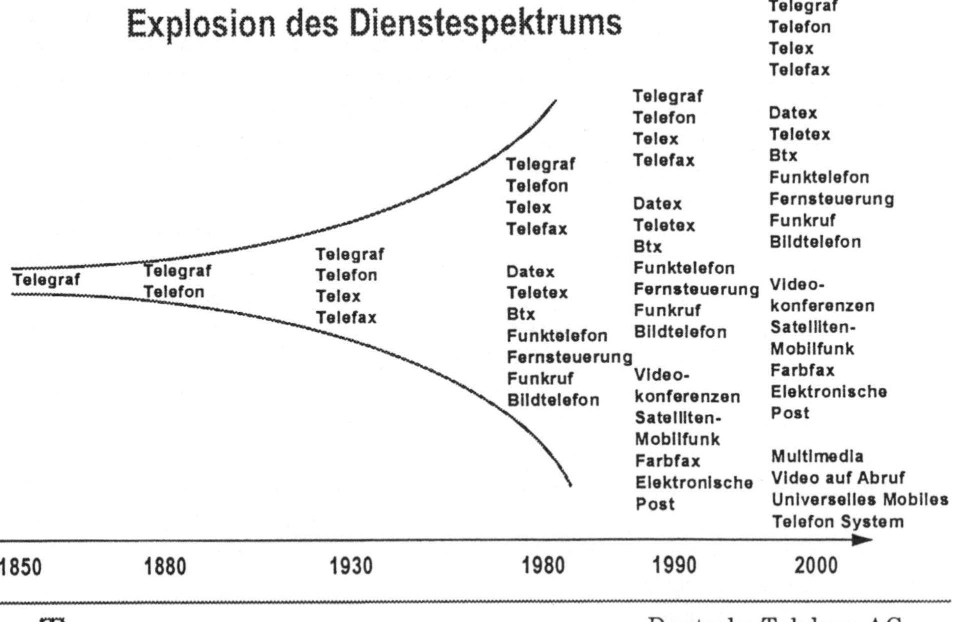

Bild 1: Dienstexplosion im Telekommunikationsmarkt

Ein Ende dieses Trends ist nicht abzusehen. Hinzu kommt, daß jeder neue Dienst zunächst eine Anlaufphase benötigt, bis er sich zu einem Massenprodukt entwickelt. So wurde der Telefaxdienst noch vor 10 Jahren nur vereinzelt genutzt, während heute

Telefaxgeräte im Büro genauso vertreten sind wie die Schreibmaschine es vor 20 Jahren war.

Aber auch im privaten Bereich setzte sich das Faxgerät unerwartet schnell durch. Dies führte u. a. dazu, daß die Anschlußprognosen der damaligen Telekom häufig unter der tatsächlichen späteren Nachfrage lagen.

Zusätzlich zu der beschriebenen Diensteexplosion wächst also auch die Nutzerzahl der einzelnen neuen Dienste explosionsartig an – aktuelle Beispiele sind neue Dienste im Bereich des Mobilfunks oder das Spektrum des Electronic Data Interchange (EDI). Die immer schnellere Marktdurchdringung innovativer Produkte zeigt Bild 2.

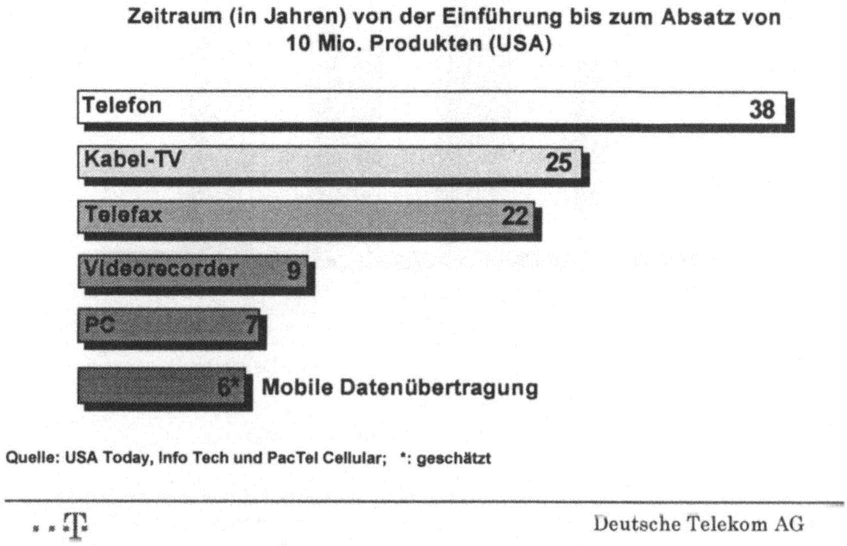

Zeitraum (in Jahren) von der Einführung bis zum Absatz von 10 Mio. Produkten (USA)

Telefon 38
Kabel-TV 25
Telefax 22
Videorecorder 9
PC 7
6* Mobile Datenübertragung

Quelle: USA Today, Info Tech und PacTel Cellular; *: geschätzt

Deutsche Telekom AG

Bild 2: Verkürzung der Einführungszeiträume neuer Techniken

Das Entstehen neuer Märkte

Diese Entwicklung beschreibt anschaulich den gesellschaftlichen Wandel, der sich momentan vollzieht – von der Produktions- zur Innovationsproduktionsgesellschaft. Entscheidend ist heute nicht mehr die Produktion eines Gutes, sondern die Fähigkeit, dieses Produkt zu verbessern, fortzuentwickeln und den sich fortwährend ändernden Gegebenheiten anzupassen. Die Informationsflut, der wir alle ausgesetzt sind, ist eine Folge dieses sich immer mehr beschleunigenden Innovationsprozesses. Kaum jemand behält den Überblick über die zahlreichen Aktivitäten auf dem Markt der Informationstechnik, der von täglich neuen Initiativen der unterschiedlichen gesellschaftlichen Gruppen geprägt ist.

Als Beispiel sei hier die "Elektronische Verwaltung" genannt, die in Deutschland als Schlagwort in den Medien präsent ist. In den USA hingegen wurden 1994 schon

58

ca. 13.5 Millionen Steuererklärungen mittels elektronischer Post eingereicht – und die Tendenz ist weiterhin stark steigend. Dieser Boom kommt natürlich nicht von allein, sondern wird durch den Vorteil schnellerer Bearbeitung und damit auch schnellerer Erstattung erzeugt.

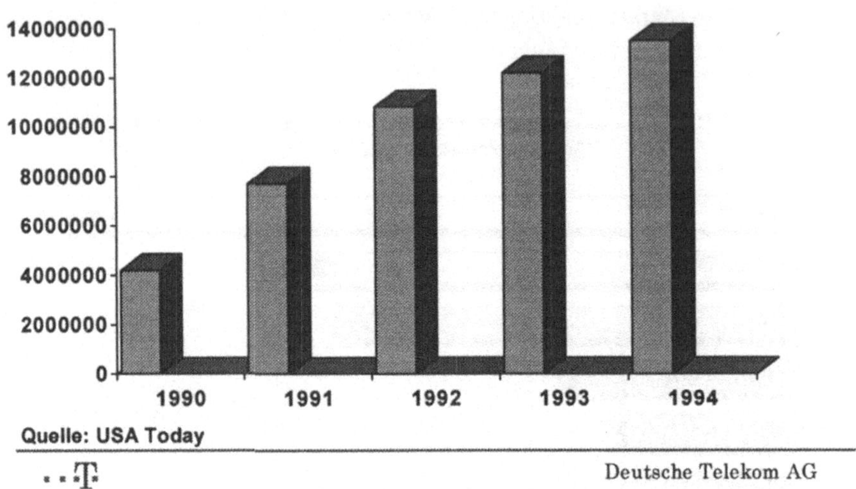

Bild 3: Steuerklärungen per elektronischer Post auf dem Vormarsch

Die gesellschaftliche Entwicklung weist deutliche Anzeichen auf, daß sich dieser Trend noch verstärken wird. Die heute heranwachsende Generation ist mit dem Computer groß geworden. Er dringt nicht als Neuerung in das Leben ein und muß mögliche Akzeptanzprobleme überwinden, sondern ist ein alltäglicher Gebrauchsgegenstand. Der Computer ist für diese Generation genauso selbstverständlich wie für uns das Telefon. Entsprechend zwanglos geht diese "Nintendo-Generation" auch mit ihm um.

Die grundsätzliche Bedeutung dieser Entwicklung ist auch von der Politik erkannt worden, die dem Aufbau der Telekommunikationsinfrastruktur entsprechende Bedeutung zukommen läßt. Die in den USA herrschende Aufbruchstimmung durch die Initiative des Vizepräsidenten Al Gore, die NII, hat sehr schnell zu entsprechenden Maßnahmen und Projekten auch in den anderen Bereichen der Triade, Europa und Ostasien, geführt. Die Vision der elektronischen Verwaltung wird mehr und mehr durch konkrete Maßnahmen Realität, wie z. B. die Vernetzung der Finanzämter oder den Anschluß von Schulen an das World Wide Web.

Innerhalb der Triade sind Unterschiede in der Ausprägung erkennbar: Die Aufbruchstimmung, die durch entsprechende Initiativen in den USA und Japan ausgelöst wurden, muß in Europa noch stärker gefördert werden. Der G7-Sondergipfel im Februar 1995 in Brüssel hat gezeigt, welche Bedeutung diesem Thema zugemessen wird.

Folgerichtig stand die Evolution zur Informationsgesellschaft und der globale Ausbau der Infostruktur im Zentrum dieses Treffens der wichtigsten Industrienationen.

Diese gesellschaftliche Entwicklung wird in technischer Hinsicht durch das Zusammenwachsen der heute noch nebeneinander stehenden Netze unterstützt, die eine Durchgängigkeit der Dienste erst ermöglicht. Mittel- und langfristig werden im Zuge dieser Netzevolution auch die Kabel-TV-Netze mit einbezogen. So entstehen derzeit überall Pilotprojekte, mit denen unterschiedliche interaktive Videodienste technisch, aber auch hinsichtlich ihrer Akzeptanz beim Konsumenten, untersucht werden. Der Trend geht hin zum breitbandigen Netz, mit dem die Übertragung hoher Datenraten für multimediale Dienste möglich wird.

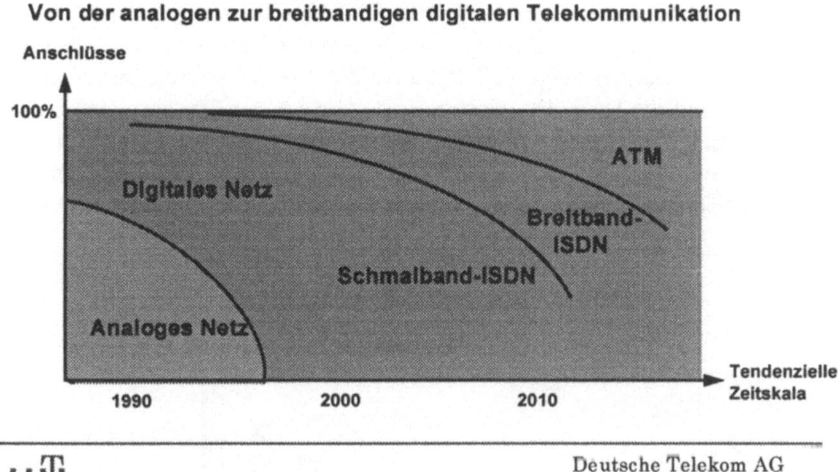

Bild 4: Die langfristige Netzevolution

Insgesamt ist also festzuhalten, daß der konvergierende Markt aus Telekommunikation, Informationstechnik und Medien sich schon heute extrem dynamisch darstellt, diese Entwicklung aber in Zukunft noch beschleunigt wird. Was uns heute als Umbruchphase erscheint, wird sich als dauerhafter Zustand erweisen – der Wandel wird alltäglich.

Der heutige Telekommunikationsmarkt in Zahlen

In der Wirtschaft sind stark wachsende Märkte kein ungewöhnliches Phänomen – der entscheidende Unterschied im hier vorliegenden Fall ist jedoch, daß es sich bei der Telekommunikation um einen etablierten Markt handelt, dessen Größe weltweit bereits heute bei etwas über 1 Billion DM liegt und bis zum Jahr 2000 auf ungefähr 1.5 Billionen DM ansteigen wird.

Allein der deutsche Gesamtmarkt für Telekommunikation wird für 1995 auf ein Volumen von ungefähr 78 Mrd. DM geschätzt. Für das Jahr 2000 wird mit einer Steigerung auf dann 115 Mrd. DM gerechnet – das bedeutet jährliche Zuwachsraten von fast 10%. Damit wird die Bedeutung der Automobilindustrie EU-weit nicht nur erreicht, sondern deutlich übertroffen.

Diese Entwicklung ist auch außerhalb der Telekommunikationsbranche erkannt worden und hat sich in der Strategie anderer großer Unternehmen niedergeschlagen. Praktisch hat dies zu Allianzen geführt, bei denen sich Inhaber entsprechender Infrastrukturen (z. B. Stromversorger) mit solchen Unternehmen vereint haben, die über das entsprechende Know-how verfügen. Diese Allianzenbildung findet darüber hinaus ebenfalls im Bereich Medien und Informationstechnik statt.

Es gibt deutliche Anzeichen dafür, daß diese Erwartungen in den Zukunftsmarkt Telekommunikation begründet sind. So ist selbst der relativ etablierte Markt des internationalen Telefonverkehrs in den letzten 10 Jahren kontinuierlich um mindestens 10% jährlich gewachsen – unabhängig von weltweiter Rezession. Ein Blick auf die Verteilung dieses Marktes zeigt, daß 75 % auf den Bereich Europa und Nordamerika entfallen, während die besonders wachstumsstarken Länder Ostasiens erst einen kleinen Anteil haben – ein Ende des Trends scheint also nicht in Sicht. Denn auch vor dem Hintergrund der internationalen Verflechtung globaler Unternehmen und der zunehmenden Deregulierung sind die Voraussetzungen für ein Anhalten gegeben.

Bild 5: Wachstumsmarkt internationaler Telefonverkehr

Die strategische Ausrichtung der Deutschen Telekom

Es ist offensichtlich, daß die beschriebenen Marktumbrüche gravierende Auswirkungen auf die an diesem Prozeß beteiligten Unternehmen haben. Besonders betrifft dies die großen Netzbetreiber, die häufig historisch begründet als Monopolist auf dem gesamten nationalen Markt aktiv waren. Schon aufgrund der genannten gesellschaftliche Entwicklungen und ihrer technischen Auswirkungen ist klar, daß ein solches Monopol überholt ist. Der dynamische Markt benötigt den Wettbewerb, um die Entstehung neuer Produkte und Dienste zu beschleunigen und damit den gesamten Markt zu vergrößern. Dabei darf nicht vergessen werden, daß aufgrund der vorhandenen weltweiten Infrastruktur und ihrer intensiven Vernetzung ein nationaler Alleingang in Fragen der Regulierung ohnehin nicht möglich ist. Andererseits muß darauf geachtet werden, daß die eingeleitete weitere Liberalisierung dieses Marktes nicht zu neuen Hemmnissen führt – Stichwort "asymmetrische Regulierung".

Die Deutsche Telekom hat sich schon frühzeitig auf diese Entwicklung eingestellt und einen umfangreichen Restrukturierungsprozeß eingeleitet. Er besteht aus mehreren Maßnahmen, deren Ergebnis die ausschließliche Markt- und Kundenorientierung sein wird.

Unter dem Begriff „Telekom Kontakt" ist die Ausrichtung aller Organisationseinheiten – Zentrale, Mitteldirektionen und Niederlassungen vor Ort – auf die Kunden zusammengefaßt. Telekom Kontakt beinhaltet die stringente Ausrichtung auf die unterschiedlichen Kundensegmente Privat-, Geschäfts- und Systemkunden mit ihren spezifischen Bedürfnissen.

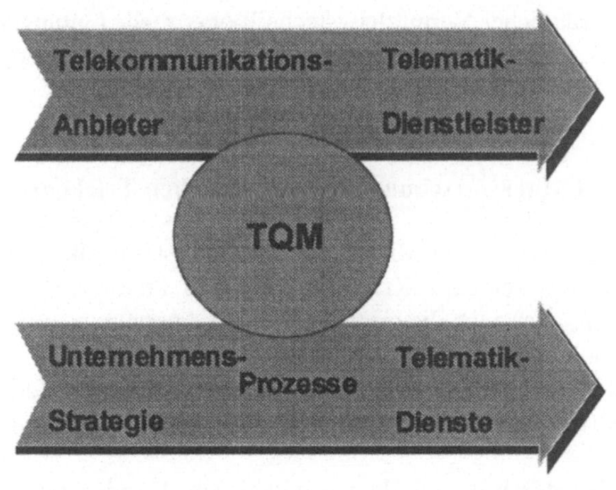

Bild 6: Mit TQM vom Telekommunikationsanbieter zum Telematikdienstleister.

Ebenso wichtig ist die Geschäftsprozeßrestrukturierung und die Etablierung des Total Quality Management (TQM) als Grundprinzip. Beide zielen auf eine vollständige Ausrichtung der Aktivitäten auf den Kunden im Gegensatz zur bisherigen mehr prozeßorientierten Ablauforganisation ab.

Mit diesen Maßnahmen wird die erforderliche Wandlung der Deutschen Telekom vom Telekommunikationsanbieter zum Telematikdienstleister vollzogen. Denn das entstehende Dienstleistungsspektrum verlangt eine bisher nicht gekannte Kundennähe und Flexibilität.

So werden im Bereich der Telearbeit – also der Verlagerung des Arbeitsplatzes in die Wohnung – oder der Telemedizin völlig neue Anforderungen an den Dienstleister entstehen, die nur durch intensive Zusammenarbeit während der gesamten Entwicklung zwischen Anbieter und Kunden optimal erfüllt werden können. Das Volumen der neuen Märkte rechtfertigt diesen höheren Aufwand in jedem Fall.

Erforderlich ist ebenfalls die Intensivierung und stärkere Marktorientierung der Forschungs- und Entwicklungsaktivitäten, allein schon vor dem Hintergrund der verkürzten Lebenszyklen. Die Deutsche Telekom wird ihr F&E-Budget in den nächsten Jahren nicht nur absolut auf 1.68 Mrd. DM steigern, sondern von jetzt etwa 1.6% auf dann über 2% des Gesamtumsatzes.

Von strategischer Bedeutung wird in diesem Zusammenhang die Softwareentwicklung sein. Software entwickelt sich rasch zu einer unverzichtbaren Grundlage der modernen Telekommunikation. Dabei hat sie längst die ursprüngliche Aufgabe der Prozeßoptimierung hinter sich gelassen. Sie wird nicht mehr nur zur Optimierung bestehender administrativer Prozesse eingesetzt, wie es häufig der Fall war. Dieser Rationalisierungseffekt ist zunehmend zugunsten der Generierung neuer Tätigkeiten in den Hintergrund getreten. Moderne Software wird mehr und mehr zur Implementierung sogenannter „intelligenter Netzfunktionen" eingesetzt. Neue Leistungsmerkmale beruhen nicht auf zusätzlicher Vermittlungstechnik oder mehr Leitungen, sondern auf intelligenter Technik, d. h. durch Software gesteuerte Schalt-, Transport- und Dienstemechanismen.

Markterhebung und Marktforschung bei der Deutschen Telekom

Die Gewinnung und Analyse von Marktinformationen ist für alle Unternehmen von elementarem Interesse. Treibende Kraft sind die sich kontinuierlich verändernden Wirtschaftsstrukturen, aber auch die immer gezieltere Ausrichtung auf die Kundenbedürfnisse, um eine höhere Bindung zu erreichen.

Die Kernaufgaben der Marketingforschung sind daher die Sammlung, Analyse und Aufbereitung marktrelevanter Daten, aber auch die Ableitung von strategischen Empfehlungen.

Hinzu kommt, daß durch den direkten Kontakt zum Kunden nicht nur die in der Deutschen Telekom vorhandenen Vorstellungen von Produkten, Services, Preisen und Absatzwegen überprüft, sondern auch Anregungen für neue Dienste etc. hergestellt werden konnten. Dies kann durch Umfrageaktionen oder sogar durch vom Kunden selbst initiierte Wünsche erfolgen. In der Vergangenheit gibt es zahlreiche Beispiele für Produkte, die so plaziert werden konnten: Marketingforschung als interaktives Kommunikations- und Vertriebselement.

Methoden der Marktforschung

Die Verfahren der Marktforschung zielen sowohl auf die Ermittlung eines repräsentativen Abbilds des vorher definierten Marktes ab – durch Befragung, Beobachtung oder den Rückgriff auf bereits vorhandenes Datenmaterial (quantitative Marktforschung) – als auch auf qualitative Aussagen zu Trends, Verfahren und Strategien. Als Beispiel für eine quantitative Marktforschung kann man das Potential für ISDN-Bildtelefone nehmen: Aus der Zahl der heute vorhandenen Unternehmen mit Bildtelefonen und solchen, die in den nächsten Jahren mit hoher Wahrscheinlichkeit einen ISDN-Anschluß verfügen, wählt man eine Stichprobe aus und befragt diese mit Hilfe eines entsprechenden Bewertungsbogens.

Da die Verfahrensansätze der Marktforschung aus dem Konsumgüterbereich stammen, sind sie jedoch häufig nicht ohne Abstriche auf den TK-Markt zu übertragen. Dieser weist insofern eine andere Struktur auf, als die Güter relativ komplex sind und einen hohen Erklärungsbedarf besitzen. Immerhin wird etwa 40% des Umsatzes der Deutschen Telekom auf dem Sektor der mittleren bis großen Unternehmen generiert. Um den sehr individuellen Ansprüchen und Bedürfnissen dieses Sektors gerecht zu werden, sind spezielle Großprojekte eingeleitet worden, die die Informationsbasis für diesen Kundenstamm kontinuierlich verbessern. Hierzu zählen beispielsweise

- das Fernmeldepanel: Es mißt stichprobenartig die Verkehrsdaten repräsentativ ausgewählter Kunden und bringt sie in Zusammenhang mit der Telekommunikationsausstattung, der Tätigkeit und der Unternehmensgröße,
- die Studie TeleComtec: Hier werden die Kommunikationsbeziehungen der Telekom-Geschäftskunden zu ihren Kunden und Lieferanten untersucht und die Bedürfnislage erläutert;
- das Tri:M Telekom: Ein System zur permanenten Beobachtung zur Zufriedenheit der Kunden der Deutschen Telekom. Es werden Stärken- und Schwächenprofile für Produkte, Services und Vertriebseinheiten national, regional und lokal zur Verfügung gestellt.

Die Wertschöpfungskette im Bereich Multimedia

Die beschriebene Expansion des Dienstespektrums basiert zu einem großen Teil auf Diensten, die dem Bereich „Multimedia" zuzuordnen sind. Die Deutsche Telekom setzt große Erwartungen in diesen Markt und hat sich als Ziel gesetzt, bis zum Jahre 2000 ein Fünftel des Umsatzes von dann 80 Mrd. DM, also 16 Mrd. DM, durch neue Dienste in diesem Sektor zu erwirtschaften. Insofern liegt es auf der Hand, daß dieser Markt einer eingehenden Analyse unterzogen wird.

Zu diesem Zweck wird der Gesamtprozeß „Multimedia" in eine Kette aus Elementarprozessen zerlegt und hinsichtlich ihres Wertschöpfungspotentials analysiert. Dabei ist zu beachten, daß dieses Verfahren für die unterschiedlichen Multimediadienste (z. B. Verteil-, Abruf oder Dialogdienste) durchaus unterschiedlich aussehen kann. Neben einer quantitativen Bestimmung der Wertschöpfung aller Einzelprozesse ist aber auch eine Chancen-/Risikoabschätzung erforderlich sowie die vorhandene Positionierung –

also die Kompetenz – in diesem Dienst und die künftige geplante Abdeckung. Wichtigstes Ziel dabei ist die Gewinnung von objektiven Daten, die das Marktverhalten beschreiben, und zuverlässigen Marktprognosen.

Wertschöpfungsstufen für Multimedia aus Sicht der Deutschen Telekom AG

	Informations-Inhalte	Speichern	Kunden-interface/ Navigation	Dienste-steuerung	Vermitteln/ Übertragen	Mittler-funktion	Endgeräte	System-Integration
Wertschöpfung (geschätzt)	40-45%	2-16%	4%	15-20%	20-55%	3-4%	14-28%	1-2%
Chancen	Schlüssel-erfolgs-faktor, hohes Wachstum	Markt-wachstum	Lang-fristige Kunden-bindung	Medien wandeln	Kern-geschäft	Flexibles Abrech-nungs-/ Statisitik-system	Hohe Bedeutung für Markt-entwicklung	Schlüssel-position für Kern-geschäft sicherung
Risiken	Rechte bei Fremd-unter-nehmen	Hoher Investitions-aufwand	Andere Betreiber	Hoher Entwick-lungs-aufwand	Preis-rückgang	Hoher Konkurrenz-druck	Starker Wettbewerb viele Vertriebs-kanäle	Geringe Markt-präsenz
Kern-kompetenzen	Aufbau	Aufbau/ z. T. vor-handen	Aufbau	Aufbau	Ausbau	Ausbau	Aufbau	Aufbau
Künftige Abdeckung	Gering	Hoch	Hoch	Hoch	Sehr hoch	Hoch	Gering	Mittel

‥‥T‥   Deutsche Telekom AG

Bild 7: Wertschöpfungsstufen im Bereich Multimedia

Damit ist klar, daß die Positionierung in diesem Bereich von grundsätzlicher Bedeutung für das ganze Unternehmen ist und einer Abstimmung über alle Bereiche bedarf – von der Unternehmensstrategie über die verschiedenen Kundendivisionen bis hin zu den Querschnittsbereichen.

Die Notwendigkeit einer Verbandsstatistik

Als Konsequenz aus den bisherigen Ausführungen wird deutlich, daß aussagekräftiges Zahlenmaterial mehr denn je Voraussetzung für eine zuverlässige Planung ist. Die Frage, ob für den Bereich der Telekommunikation übergeordnete statistische Marktzahlen erforderlich sind, muß deshalb voll bejaht werden.

Daß wir von einer objektiven Berichterstattung im Telekommunikationssektor noch sehr weit entfernt sind geht aus der Gegenüberstellung in Bild 8 hervor.. Zwei praktisch zeitgleich publizierte Statistiken geben ein völlig unterschiedliches Bild über die Telekommunikationskosten für private Haushalte in den wichtigsten Industrieländern. Ein Grund hierfür mag sicherlich die von der OECD vorgenommene Gewichtung nach Kaufkraft sein. Dennoch bleibt die Forderung nach einem neutralen Berichtswesen, das glaubwürdige Daten vermittelt. Dies ist vor allem für eine Entemotionalisierung der Diskussion um die Liberalisierung dringend erforderlich.

Auch der interne Nutzen von glaubwürdigen Statistiken ist nicht zu unterschätzen. Die zu Beginn geschilderte unerwartet hohe Nachfrage nach dem Telefaxdienst führte in der Konsequenz zu längeren Wartezeiten für Anschlüsse – ein entscheidendes Merkmal für die Qualität eines Dienstleistungsunternehmens.

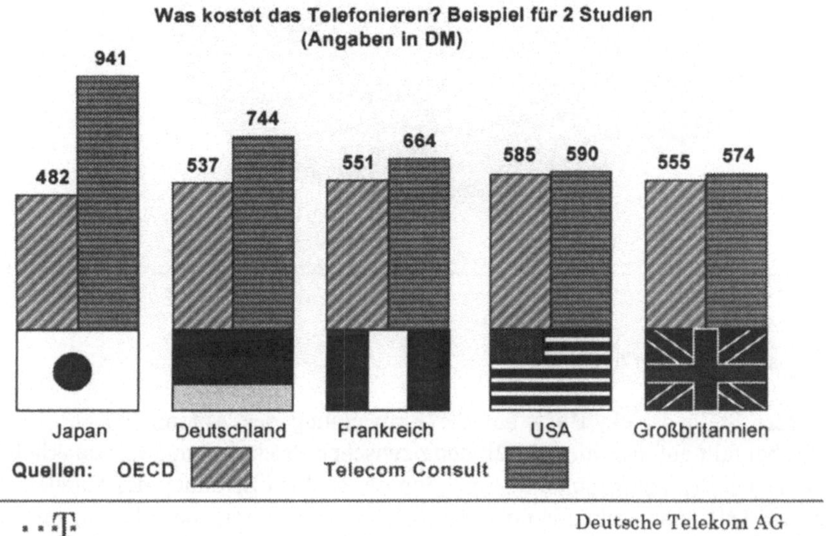

Bild 8: Vergleich der Telekommunikationsausgaben – Wie teuer ist Telefonieren wirklich?

Aber auch aus anderen Gründen ist der Ruf nach vergleichenden Übersichten laut geworden, die von einem noch zu gründenden Verband geführt werden. Parallel zur Ausweitung des Dienstespektrums wird auch der Anteil der Ausgaben enorm ansteigen, und zwar ungeachtet eines Preisverfalls der einzelnen Dienste. Es ist absehbar, daß der Anteil des verfügbaren Einkommens für die Telekommunikation sich in Dimensionen bewegen wird, die mit den heutigen Ausgaben für Mobilität vergleichbar sind. Die Bereitschaft hierfür ist schon heute bei vielen Menschen vorhanden. Auch wenn die Stückkosten für Telekommunikationsdienste und Endgeräte deutlich niedriger sind – durch die drastisch kürzeren Innovationszyklen und daraus resultierende häufige Neukäufe wird dies mehr als wettgemacht. Die Zahl der kommunikationsfähigen PC`s (ab 80386) wird sich von 1993 bis 1996 mehr als verdoppeln – ein weiteres Beispiel für die Dynamik dieses Marktes.

Ausschlaggebend für die andauernde Expansion des Marktvolumens ist die große Zahl der stimulierenden Faktoren. Sie reichen vom Innovationsschub durch neue Technologien über die Konvergenz der Informations- mit der Telekommunikationstechnik und den Medien bis zur Erhöhung der Lebensqualität oder ergonomischen Verbesserungen.

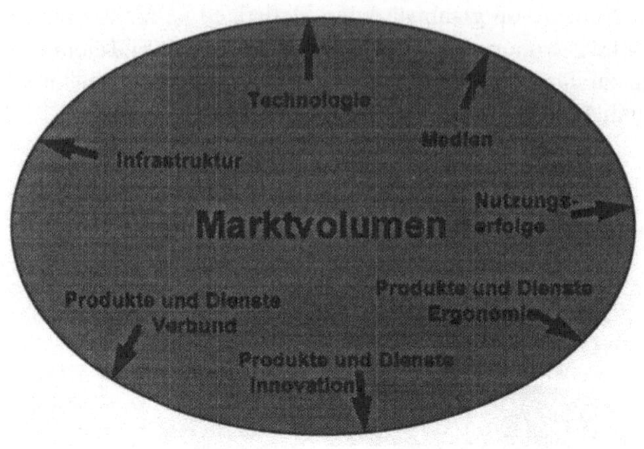

<table>
<tr><td>··T··</td><td style="text-align:right">Deutsche Telekom AG</td></tr>
</table>

Bild 9: Expansion des Marktvolumens

An dieser Stelle ist ein Blick auf die Entwicklung des Automobilsektors angebracht. Dabei fällt auf, daß hier die Bindung zwischen Produzent und Kunde erheblich enger ist als bei der Telekommunikation. Von der exakten Erfüllung des Kundenwunsches ist die Telekommunikation noch deutlich weiter entfernt, was allerdings teilweise auch durch die relative Komplexität im Vergleich zum Auto hervorgerufen wird. Darüber hinaus ist die vermittelnde Funktion der Medien – die natürlich auch stimulierend wirkt – von großer Bedeutung. Ohne die unverhältnismäßig hohe Anzahl an Veröffentlichungen in unterschiedlichster Form hätte das Automobil sicherlich nicht die heute vorhandene Popularität erlangen können.

Die Bedeutung des Standards – für Endgerät und Dienste

Von signifikanter Bedeutung für das weitere Marktwachstum ist die Standardisierung des noch nicht näher definierten "Informationsendgerätes" sowie der Dienste. Ziel muß die Schaffung weitgehend diskriminierungsfreier Zugänge sowie standardisierter Schnittstellen für jedermann sein. Mit diesen Forderungen sind letztlich auch die Chancen zu hoher Nutzung und Auslastung der Netze und damit verbundener Gesamtökonomie korreliert.

Die Vergangenheit hat gezeigt, daß eine fehlende frühzeitige Festlegung von Standards im Endgerätebereich zu einer Entwicklung führt, von der niemand profitiert. Die Zurückhaltung des Konsumenten aufgrund fehlender Sicherheit führt zu mangelnden Umsätzen seitens der Produzenten. Die Erfahrungen, die insbesondere bei der Festlegung des Videostandards gemacht wurden, dienen als warnendes Beispiel. Es gibt Anzeichen dafür, daß hieraus Lehren bei der Implementierung des Standards der digitalen Video-CD gezogen wurden.

Auch im Bereich der Telekommunikation ist die Frage nach dem künftigen, universellen Endgerät noch offen. Fest steht, daß die Nutzung der vorhandenen Infrastruktur durch dezentrale Intelligenz, also die eingesetzten Endgeräte, künftig mehr und mehr an Bedeutung gewinnt. Neue Dienste werden durch die zunehmende Intelligenz immer stärker über Endeinrichtungen eingeführt und verfügbar, die damit auch einen größeren Anteil an der Wertschöpfungskette der Telekommunikation insgesamt einnehmen. Damit verbunden ist eine kontinuierliche Bereinigung des Produktportfolios, die sich im Ablösen alter und der Einführung neuer Produkte und Dienste auswirkt.

Neben der Definition des Endgeräts ist der diskriminierungsfreie Zugang auf der Basis des schon beschriebenen, sich evolutionär fortentwickelnden Netzes, unbedingt erforderlich. Das Stichwort lautet „offener Netzzugang" (Open Network Provision, ONP). Erleichtert wird die Festlegung durch die bereits aktiven internationalen Normierungsgremien, in denen praktisch alle Netzbetreiber vertreten sind. Trotzdem verdient – gerade aufgrund der zunehmender Deregulierung im Telekommunikationssektor – dieser Bereich eine besondere Beachtung.

Die Vermarktung aller angebotenen Dienste muß sowohl für geschäftliche als auch für privat genutzte Anwendungen international möglich sein. Hierfür wird es im Interesse der zunehmenden Verkürzung von Lebenszyklen neuer Produkte von mehr und mehr zur Einführung von de-facto-Standards kommen, auch mit der potentiellen Belastung durch einen späteren Ersatz dann gefundener standardisierter Lösungen.

Fazit

Die Erfüllung dieser Rahmenbedingungen ist aber nur Voraussetzung – der Markt und damit der Kunde entscheidet darüber, wie die neuen Möglichkeiten der multimedialen Kommunikation aufgegriffen werden, denn letztlich profitiert er von den entstehenden Vorteilen in Form von erhöhter Lebensqualität und Produktivität. Dabei wirkt die natürliche Begeisterung des Menschen für Kommunikation und neue Technik als Triebfeder.

Gerade das Management ist an dieser Stelle gefordert, mit gutem Beispiel voranzugehen und die vorhandenen Möglichkeiten zu nutzen. Die Erfahrung zeigt, daß bei der Prognose, wie intensiv ein innovatives Produkt in Anspruch genommen wird, häufig zu pessimistisch geschätzt wird. Es reicht nicht aus, von seiner Existenz und den Möglichkeiten zu wissen – man muß es anwenden, seine Vorteile spüren, mit ihm spielen. Erst die Verfügbarkeit erzeugt Nachfrage.

Die Informationsgesellschaft existiert bereits. Wir müssen die Möglichkeiten, die diese Entwicklung für uns alle bietet, aktiv aufgreifen und mit Engagement die vor uns liegenden Aufgaben angehen. Nutzen wir diese Chance!

Verfügbarkeit

erzeugt

Nachfrage!

Quelle: Wilhelm Busch: "Max und Moritz"

Deutsche Telekom AG

Bild 10: Verfügbarkeit erzeugt Nachfrage

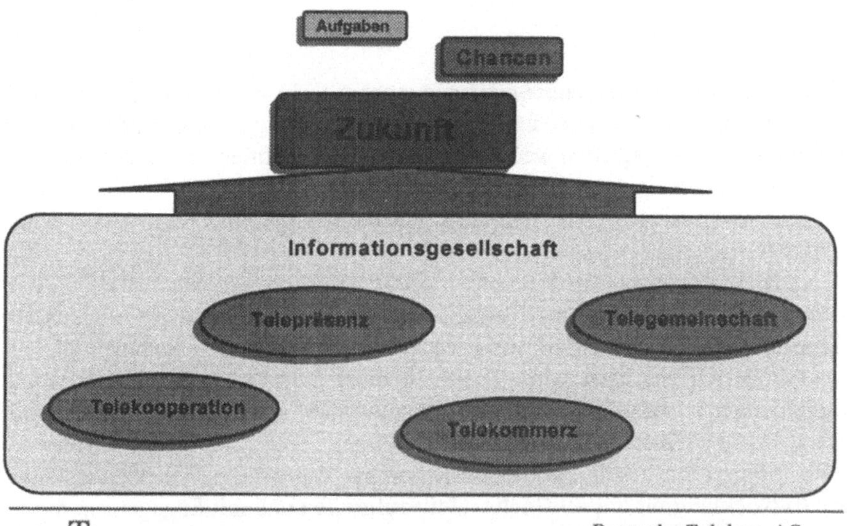

Bild 11: Informationsgesellschaft

Vom Monopol zum Wettbewerbsmarkt

Harald Stöber

Kurzfassung und Folien

Mit der Erteilung der D2-Lizenz an Mannesmann Mobilfunk öffnete sich erstmalig der Telekommunikationsmarkt der Bundesrepublik Deutschland auf dem Gebiet der Telekommunikationsnetze dem Wettbewerb – allerdings nur auf einem begrenzten Randgebiet. Inzwischen diskutieren nicht nur die Fachleute, sondern auch die breite Öffentlichkeit die weitreichende Liberalisierung der Telekommunikation.

Mit der Öffnung des Telekommunikationsmarktes für den Wettbewerb wird eine deutliche Ausweitung der Nachfrage nach Telekommunikationsdienstleistungen einhergehen. Es zeichnen sich heute ebenso Bestrebungen ab, das Festnetz "mobiler" zu machen, wie Mobilfunknetze versuchen werden, den Local Loop für sich zu erschließen. Daher werden folgende Ansätze der Wettbewerbsentwicklung im Vortrag zur Diskussion gestellt:

1. Wettbewerb im gleichen Markt: C-,D1-, D2-E-Netz

2. Wettbewerb zwischen den Sytemen Festnetz – Mobilfunknetz

3. Möglichkeiten der Differenzierung der Anbieter im Markt anhand des Marketingmix.

Mobilfunkteilnehmer in Deutschland

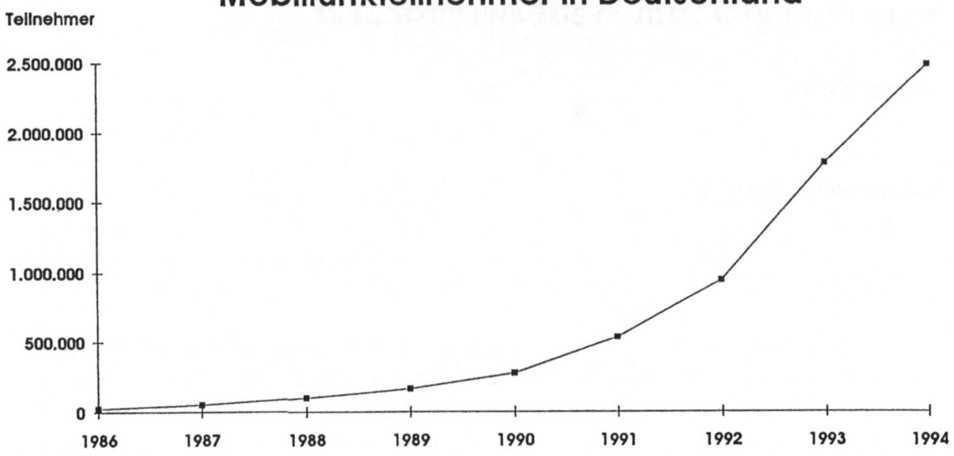

Wettbewerbskriterien

- Kommunikation
- Distribution
- Preis
- Produkt

Kommunikationsmix

- Imagewerbung
- Verkaufsförderung
- Öffentlichkeitsarbeit

Es war immer das gleiche, entweder er saß in seinem kleinen Büro und wartete auf Aufträge, verlor dabei aber wertvolle Zeit für seine Arbeit. Oder er arbeitete und verlor wertvolle Aufträge. Dann kam er zu uns, informierte sich über D2 privat, Deutschlands erstes Mobilfunk-Netz, und kam gleich ein Stück weiter. Mit einem Telefonnetz, das es ihm ermöglicht, sein Büro einfach mitzunehmen. So ist er immer empfangsbereit, verliert keine Zeit mehr und kann flexibler auf Kundenwünsche reagieren. Wenn er aber den Pinsel einmal nicht aus der Hand legen will, nimmt die Mailbox für ihn die Aufträge entgegen. Über eine mangelnde Auftragslage kann er sich heute nicht mehr beklagen. Im Gegenteil, mit D2 privat ist er jetzt unter seiner privaten Telefonnummer in ganz Europa erreichbar. So werde die Arbeit zum Betriebsausflug und das macht sich bezahlt. Als wir ihn letzte Woche in München anrufen wollten um zu fragen, wie es so läuft, da meldete er sich aus Portugal, direkt vom Strand. Und raten Sie einmal, was er uns gesagt hat: D2 privat – it's my line."

D2 PRIVAT

Rufen Sie uns an: 0172/1212 – kostenlos aus dem Fest- und D2-Netz. Die D2-Karte erhalten Sie nicht nur bei Mannesmann Mobilfunk und seinen über 2000 D2-Fachhändlern, sondern auch bei Axicon, Bosch, Debitel, Dekratel, Hutchison, MobilCom, Motorola proficom, Talkline, D plus und Unicom

Unsere Erfahrung für Ihre Sicherheit.

D1, das digitale Funktelefonnetz der Telekom Mobilfunk, hat bereits von Anfang an Maßstäbe gesetzt, die Ihrer zukünftigen grenzenlosen Kommunikation zugute kommen. Gehörte die Telekom doch mit zu den Initiatoren von GSM, dem *Global System for Mobile Communications*.

Die Entwicklung dieses Standards für digitales mobiles Telefonieren in ganz Europa basiert wesentlich auf den langjährigen Mobilfunk-Erfahrungen der Telekom. Und führt dazu, daß Sie bereits heute in mehreren, zukünftig sogar in 18 europäischen Ländern Ihre D1-Telekarte oder Ihr D1-Funktelefon zuverlässig einsetzen können.

Mehr über die D1-Telekarte, D1-Funktelefone und Ihren Einstieg ins D1-Netz erfahren Sie von unseren Mobilfunkpartnern und bei unseren Telekom Läden. Oder Sie rufen unser Telekom BeraterTeam an. Dort hören Sie rund um die Uhr und zum Nulltarif alles über D1 und unsere vielfältigen Service-Angebote, die Funktelefone und das Zubehör. Wählen Sie einfach:

0130 0174

☎ ·Te·l·e·k·o·m·Mobilfunk

Distributionsmix

- Direktvertrieb
  - Filialkette
  - Großkunden

- Mittelstand

- Fachhandel
  - Großflächen
  - Spezialhandel

- Service Provider

Preismix

- Zielgruppenorientierung

Produktmix

- Telefone
- Telefondienste

Dienste, die vom Netzbetreiber angeboten werden

- Voice Mail
- Handvermittlung
- Einzelentgeltnachweis

etc.

GSM-Dienste

- Anrufweiterleitung, -sperrung
- International Roaming
- Fax- und Datenübertragung

etc.

Dienste, die von Dritten angeboten werden

- Sekretariatsdienst
- Pannenhilfe
- Verkehrsinformation
- Hotelreservierung

etc.

Was wissen wir und was wissen wir nicht über den Wachstumsmarkt der Telekommunikationsdienste?

Ursula Neugebauer

Vor einigen Jahren war die Antwort auf eine solche Frage noch ziemlich einfach! Der wichtigste - im Privatbereich der einzige - Telekommunikationsdienst war "das Telefon". Für die geschäftlichen Teilnehmer kamen erst viel später die Datendienste und für die privaten Teilnehmer das Kabelfernsehen hinzu.

All dies regelte ein einziger staatlicher Anbieter, der ein "natürliches" Monopol mit technischer Akribie, aber wenig Marketingphantasie verwaltete.

Das "Postministerium" versorgte die Betriebe und die Haushalte mit einem flächendeckenden, leistungsfähigen Telefonnetz, das es nach eigenem Gutdünken ausbaute. Die Telefondichte der Privathaushalte lag so bis 1975 bei 50%, erst nach einer politisch motivierten Senkung der Grundgebühren stieg die Telefondichte bis 1986 kontinuierlich auf 90% und hat heute in Westdeutschland die Vollversorgung von rund 98% der Haushalte erreicht; in Ostdeutschland wird dies in einigen Jahren der Fall sein.

Die Gerätehersteller boten unter dem "Schirm" des staatlichen Monopolisten ihre Geräte nur zu einem geringen Teil (Telefonsysteme für geschäftliche Kunden) direkt an, die Versorgung der Hauptanschlüsse mit Endgeräten übernahm "die Post" für sie.

Die Postverwaltung verhielt sich dabei eher nachfrageregulierend als nachfragefördernd. So ließ sie Anfang der 80er Jahre die Nachfrage nach dem neuen C-Netz unter der Prämisse untersuchen, wie zu erreichen sei, daß diese nicht über die *vorher* festgelegte Netzkapazität hinauswächst.

Der Wissensdurst über einen solchen Markt war naturgemäß gering!

Was man über diesen wohl geregelten Markt wissen wollte, erfuhr man aus dem Ministerium, das seine Planungen - sinnvollerweise - für die "Amtsbaufirmen" weitgehend offenlegte.

1975 gab es allerdings die erste umfassende Marktuntersuchung im Rahmen der Arbeit einer **"Kommission für technische Kommunikation"**, geleitet von Professor Witte und ins Leben gerufen vom damaligen Bundeskanzler Helmut Schmidt, mit dem Ziel, die gesellschaftlichen Folgen neuer - damals erst in Ansätzen erkennbarer - Telekommunikationstechnologien zu bewerten. Viele der Angebote, die wir heute im Wachstumsmarkt der Telekommunikationsdienste sehen, wurden bereits vor 20 Jahren auf ihre Nachfrage-Relevanz untersucht.
Das Interesse hat sich über die Zeit kaum verändert und zeigt, daß es erheblicher Marketing-Anstrengungen bedarf, um eine breite Nachfrage nach den neuen Tele-

Grafik 1

kommunikationsdiensten zu erzeugen, und daß es seine Zeit dauern wird bis sich dieser Markt entwickeln wird.

Insbesondere hat sich auch die **Gerätetechnologie** so weiterentwickelt, daß ein breites Angebot an neuen Telekommunikationsdiensten technisch realisierbar ist.

Akzeptanz von neuen Telekommunikationsdiensten

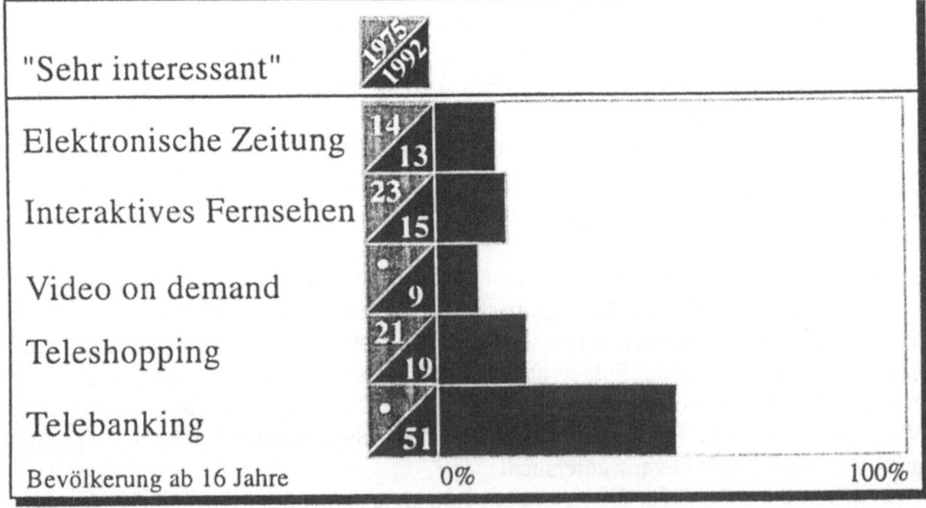

Grafik 2

Was wissen wir über diesen künftigen Wachstumsmarkt für Telekommunikationsdienste? - Außer, daß der Telefon- "Grunddienst" noch über lange Zeit Umsatzträger Nummer eins bleiben wird!

Eine ganze Menge - globaler, spekulativer und z.T. irreführender - Zahlen und Statistiken!

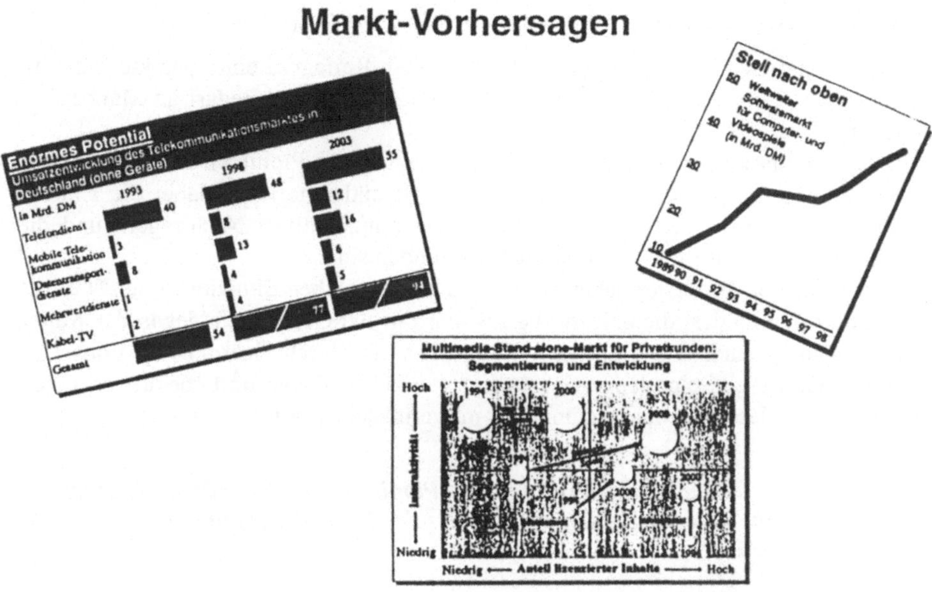

Grafik 3

Über keinen Markt zieren die Fachzeitschriften so viele Grafiken und Diagramme wie im Informations- und Kommunikationstechnik-Markt insgesamt. Vielleicht liegt es einfach daran, daß PCs mit ihrer immer bunteren Grafiksoftware auch Produkte dieses Marktes sind und der Umgang mit ihnen den Journalisten früher vertraut war als in anderen Gebieten. Der illustrative Wert ist unbestritten; mitunter werden sie aber auch ernst genommen und sind dann gefährlich.

Wie entstehen solche Statistiken überhaupt?

In der Regel durch Expertenschätzungen und hier oft durch die Pervertierung eines eigentlich ganz seriösen Verfahrens, des Experten-Delphi, bei dem die Experten mit den Schätzungen anderer Experten konfrontiert werden. Fragt man die Marketingexperten der Anbieter, wie sie die Marktentwicklung und die Entwicklung ihres eigenen Unternehmens einschätzen und sagt ihnen, was die Branche bisher geschätzt hat, so erweckt man damit offenbar unweigerlich zwei Reaktionen: Das Marktwachstum wird noch etwas dynamischer gesehen **und** das eigene Unternehmenswachstum liegt **deut-**

lich über dem Marktwachstum. So sind die viel zu optimistischen PC-Prognosen der 80er Jahre entstanden. In den 90er Jahren haben die Taktiker in den Marketingabteilungen der Unternehmen ihr Verfahren dann geändert. Nun ging es im atomisierten PC-Markt um die erreichte Marktposition; d.h. das Marktvolumen mußte möglichst moderat angesetzt werden, damit sich aus den - in groben Zügen ja überprüfbaren - Absätzen ein eindrucksvoller Marktanteil für das eigene Unternehmen errechnen ließ.

Warum aber scheint man im Informations- und Kommunikationstechnik-Markt mit solchen Informationen zufrieden zu sein? Und wie lange noch?

Die Nachfrage nach Marktinformationen hängt vom Reifegrad eines Marktes ab: Mit zunehmender Reife und Konsumnähe eines Marktes steigt der Bedarf an Marktinformationen.

In der **Entstehungsphase** bestimmen die Visionen von Pionieren und "Gurus" die Marktsicht. Sie prophezeien die goldene Zukunft und ignorieren dabei die Einführungsprobleme und Widerstände bei den weniger innovativen Nachfragern und die Zeit, die es dauert, bis diese Hemmnisse überwunden sind.

Auch erfahrene Großunternehmen neigen dazu, in solchen Situationen den "Gurus" zu vertrauen, zumindest diejenigen, die für diese neuen Geschäftsfelder in der frühen Phase zuständig sind. Die Markteinführungsphase ist durch "learning by flops" gekennzeichnet. Es gibt eine lange Geschichte von Fehlschlägen **und** spekulären Erfolgen, die durch dieses Vertrauen zumindest mitverursacht wurden.

Unternehmen in neuen Märkten werden von Pionieren und Erfindern mit einer Vision, nicht von Marketingleuten mit Zielen oder Controllern auf der Suche nach "cash cows", geführt.

Ausgaben für Marktforschung

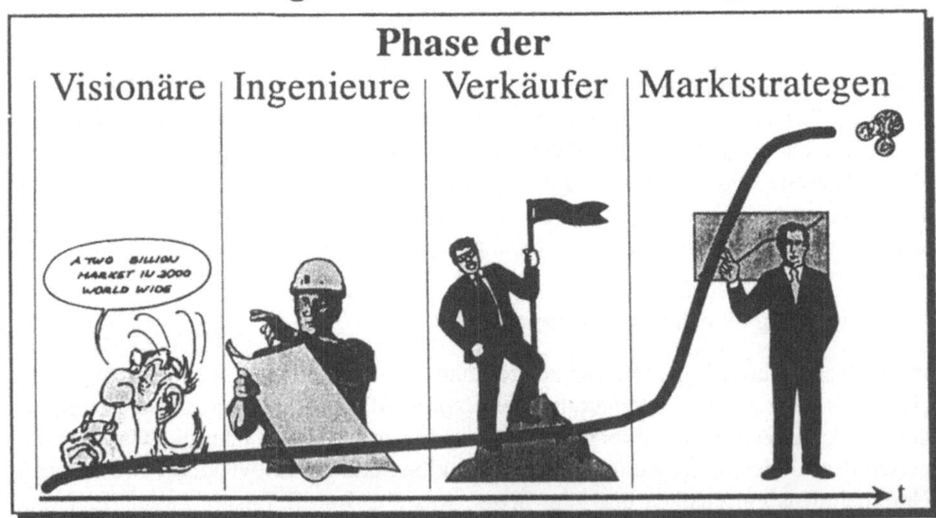

Grafik 4

Die **Wachstumsphase** wird durch die Produktionsleute bestimmt. Sie brauchen keine Marketinginformationen, sie sehen ihre Aufgabe im Aufbau einer rationellen Produktion für große Stückzahlen.

Viele große Unternehmen, vor allem im Investitionsgütersektor, sind über eine lange Periode nur von Ingenieuren geführt worden. Sie waren stets ihren hohen Qualitätsstandards treu mit exzellenten Produkten und Service. In Verkäufermärkten sind sie unschlagbar erfolgreich.

Mit zunehmender **Marktsättigung** wandeln sich Verkäufermärkte jedoch in Käufermärkte, die Zahl der Kunden nimmt zu und der Wettbewerb wird intensiver. In dieser Zeit bekommen die Vertriebsleute das Zepter in die Hand. Nun würde eine sorgfältige Analyse des zunehmend intransparenteren und komplexeren Marktes gebraucht, aber "Verkäufer" sind Macher, keine Planer und Strategen. Sie wollen keine zögerlichen "wenn und aber" Aussagen auf die sich professionelle Marktforscher gern zurückziehen. Marktinformationen sind für sie höchstens Bestätigung bereits getroffener Entscheidungen und dürfen daher nichts oder so gut wie nichts kosten.

Erst in der **Reifephase** ist der Handlungsspielraum durch den geringen Neukundenzuwachs und die meist oligopolistische Marktform so eingeschränkt, daß eine detaillierte Kenntnis des Marktes überlebenswichtig wird.

Die Marketingleute haben Topmanagement-Level erklommen.

Der Informationsbedarf konzentriert sich nun auf die Nachfrageseite; Anbieter als Informationsquelle für Marktinformationen spielen kaum eine Rolle mehr - man beobachtet allerdings sehr sorgfältig die Kunden des Wettbewerbs und baut eine "competitive intelligence" oder friedlicher einen gemeinsamen Austausch von Kennziffern als "benchmarking" auf.

Der Anteil der verschiedenen Branchen an den Marktforschungsaufwendungen zeigt deutlich, daß Marktreife und Marktform die Marketingaufwendungen und damit die Ausgaben für Marktinformationen bestimmen.

Ausgaben für Marktforschung ´94

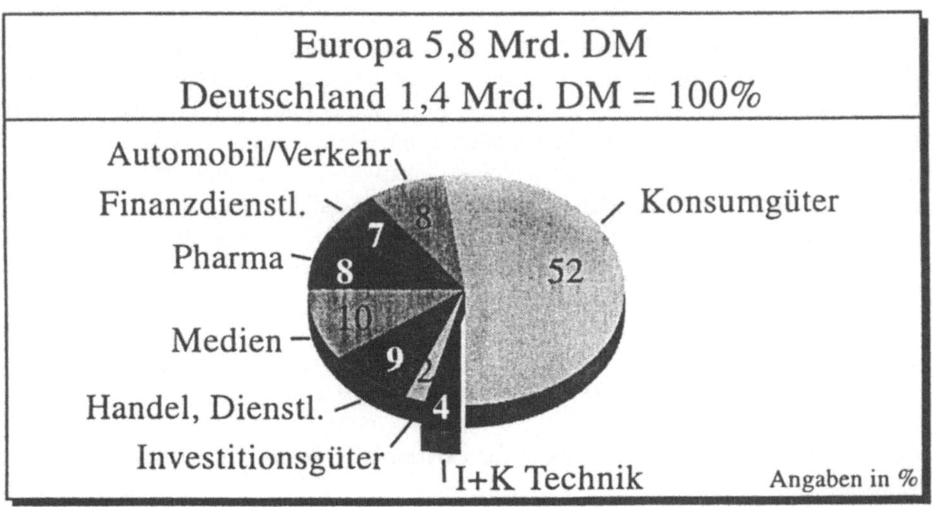

Grafik 5

Der gesamte I+K-Sektor (Geräte und Dienste) ist mit nur 4% an den Aufwendungen für professionelle Marktforschung beteiligt. Relativ zur Bedeutung des I+K-Marktes müßte der Anteil bei rund 7% bis 8% liegen; wohingegen die Konsumgüter-, Pharma- und Automobilindustrie überdurchschnittlich viel für Marktintelligenz ausgeben.

Der Markt für Telekommunikationsdienste ist ein Zukunftsmarkt, dessen Zukunft gerade erst begonnen hat. Er ist durch Visionen geprägt, die unter dem Schlagwort MultiMedia eine neue Welt der totalen Kommunikation prophezeien.

Heißt das, daß wir uns in nächster Zeit auf die "Gurus" und "GeeWhiz" verlassen sollen?

Ich denke kaum jemand wird dieser Meinung sein!

Gurus haben Ideen über den *Endzustand*, aber keine Vorstellungen über den Weg dorthin. Auf diesem Weg aber liegen die eigentlichen Risiken des Gelingens.

Die "Super-High-Way-MultiMedia-Zukunft" ist zu komplex und "trial and error" ist kein geeignetes Verfahren zur Marktentwicklung. Die Investitionen sind viel zu hoch, um auf gut Glück durchzustarten.

Wie kann man fundierte Aussagen über die Zukunft machen?

Der Markt für Telekommunikations**dienste** ist kein isolierter Markt. Ein Markt ist definiert durch alle Produkte und Dienste, die substitutiv oder komplementär nachgefragt werden. Das heißt, der Markt für Telekommunikationsdienste ist Teil des Informations- und Kommunikationstechnikmarktes und hängt z.B. ab vom PC-Markt, vom Computersoftwaremarkt und außerdem vom Medienmarkt.

Der wichtigste Ansatzpunkt für die Prognose künftiger Nachfrage ist die sorgfältige Analyse heutigen Verhaltens!

Daten über diese Märkte stellen Ansatzpunkte für plausible Szenarien des künftigen Marktes für Telekommunikationsdienste dar. Diese Szenarien setzen sich wie ein Puzzle zusammen aus den unterschiedlichen Aspekten des heutigen Informations- und Kommunikationsverhaltens und Spekulationen über wahrscheinliche Fortentwicklungen. Die folgenden Beispiele sind nur eine plakative Beschreibung einer geeigneten Vorgehensweise, **kein** Versuch, ein solches Szenario aufzustellen, wie dies in einem späteren Referat geschehen soll. Sie sollen zeigen, daß es eine Vielfalt an heute erhebbaren Daten gibt, die die Zukunft sicherer planbar machen:

Die private Nachfrage nach "einfacher" Telefonnutzung, Faxkommunikation und anderer verfügbarer Dienste ist noch bei weitem nicht ausgeschöpft!

Aber wie setzt man solche Potentiale für **existierende** Dienste in tatsächliche Nachfrage um?

Privates Potential für
Telekommunikationsdienste

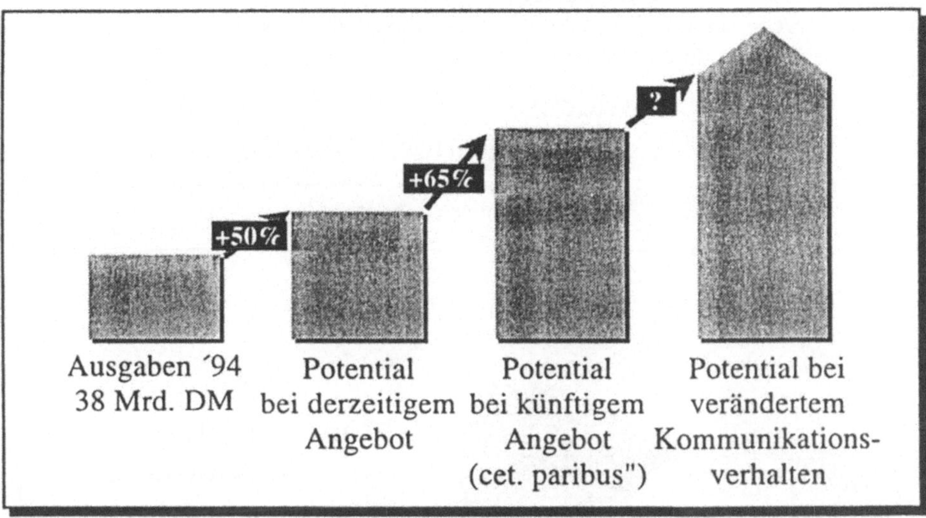

Grafik 6

Ein probates Mittel ist offenbar durch den Satz beschrieben: "Wettbewerb belebt das Geschäft". In USA ging der Marktanteil von AT & T auf zwei Drittel zurück, obwohl der Umsatz gestiegen ist. Der deutsche Mobilfunkmarkt "boomt" bereits, seit privater Wettbewerb nur angekündigt wurde!

Wettbewerber im Wachstumsmarkt
Telekommunikationsdienste

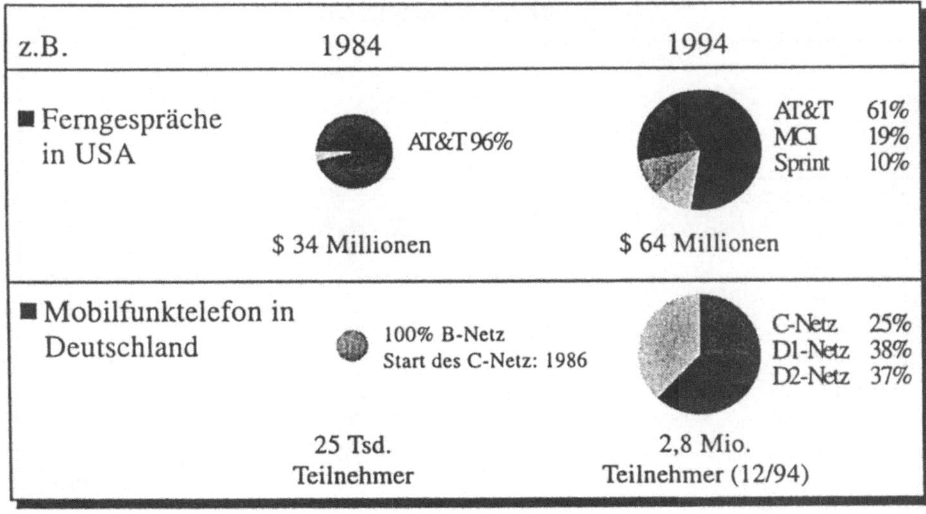

Grafik 7

Wovon hängt aber die Entwicklung der Nachfrage für jeden einzelnen dieser neue Dienste ab? Wie können die Marktchancen vorher evaluiert werden?

Vier Faktoren sind zu berücksichtigen:

(1) das **Interesse** am jeweiligen Angebot, also die Produktgestaltung; das Interesse ist beeinflußbar durch Marketing

Interesse an neuen Telekommunikationsdiensten

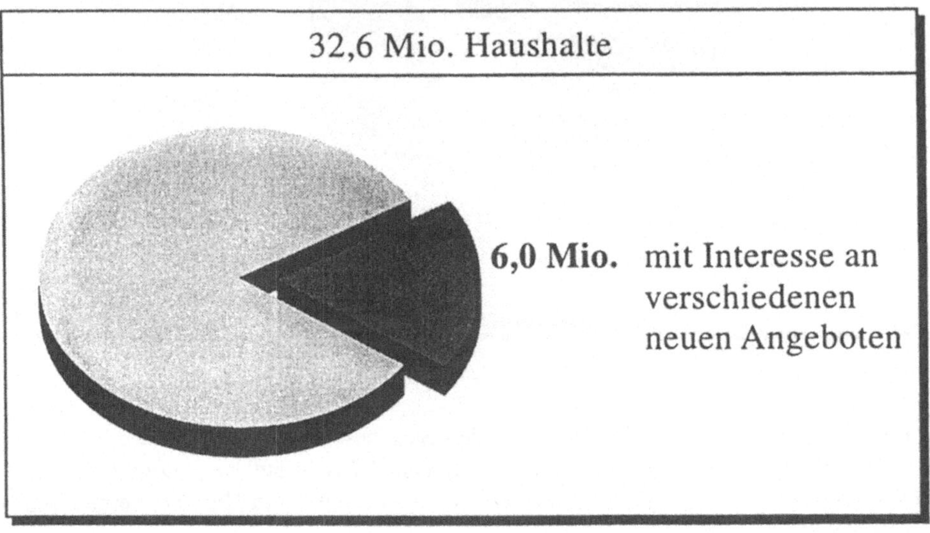

Grafik 8

Nehmen wir als Beispiel neue Fernsehangebote

Neue Medienangebote

	sehr interessiert	bereit zu bezahlen
Von Zuhause direkt an Fernseh-Diskussionen beteiligen	15%	8%
Individuelle Unterhaltungsprogramme (Video on demand)	9%	7%
Interaktive Computerspiele (Games on demand)	8%	5%

0% 100%

Basis: Personen ab 16 Jahre

Grafik 9

Untersuchungen in den USA und auch in Deutschland zeigen, daß mit wachsender Zahl von Fernsehprogrammen die Zeit des Fernsehkonsums nicht über eine bestimmte Grenze ausdehnbar ist.

Zeitbudget für Mediennutzung

	1974	1985	1990	1994
Fernsehen Std: Min	2:40	2:50	2:49	2:58
Zahl der Fernsehprogramme	3 ⟶			25

Grafik 10

Auch "Video on demand" wird uns also kaum länger vor den Fernseher locken, **aber** der Begriff "Programm" wird seine Bedeutung als fest vorgegebener Ablauf von Sendungen verlieren, die Nutzung wird sich immer mehr den individuellen Lebensgewohnheiten anpassen.
Aber: "Video on Demand" wird im Wettbewerb mit Videospielen, Infotainment, Teleshopping und Telebanking um unsere knappe Aufmerksamkeit/Zeit stehen.
Die Abschätzung des Interesses für einen bestimmten neuen Multi-Media-Dienst erfordert also die Berücksichtigung substitutiver und komplementärer Angebote.

(2) die **Innovationsbereitschaft**; die Reaktionsgeschwindigkeit, der Nachfrager auf ein neues Angebot. Der Markteintritt der frühen und der späten Mehrheiten ist kaum beeinflußbar, bestimmt aber die Marktentwicklungsgeschwindigkeit

(3) die **Preissensibilität**; die Preisakzeptanz ist außerordentlich stabil und praktisch nur durch die Erfahrung niedriger Preise in der Form beeinflußbar, daß natürlich höchstens Marktpreise bezahlt werden.

(4) die **Wettbewerbssituation**, d.h. inwieweit ein neuer Dienst von mehreren Anbietern angeboten wird, deren Marktpositionierung und wahrscheinlicher Marktanteil mit geeigneten Methoden (z.B. Conjoint Measurement) abzuschätzen ist.

Innovationsbereitschaft

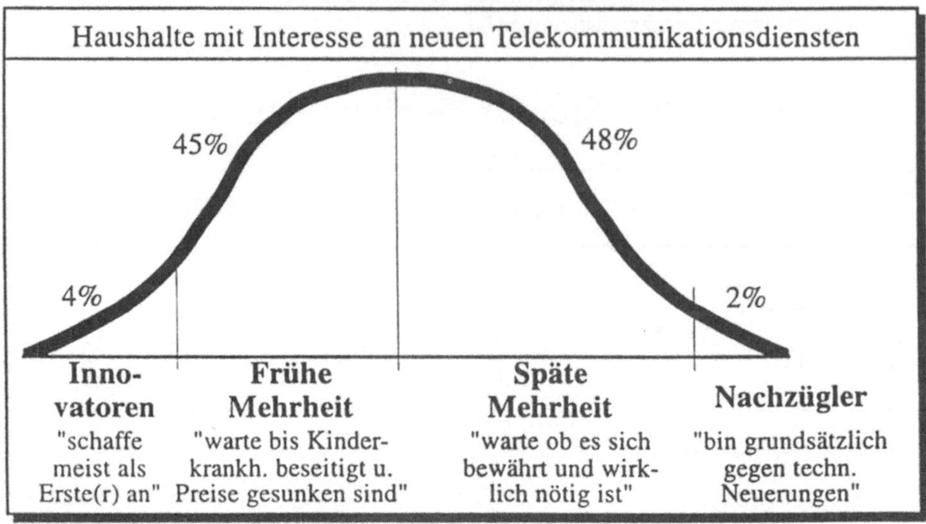

Grafik 11

Preisakzeptanz

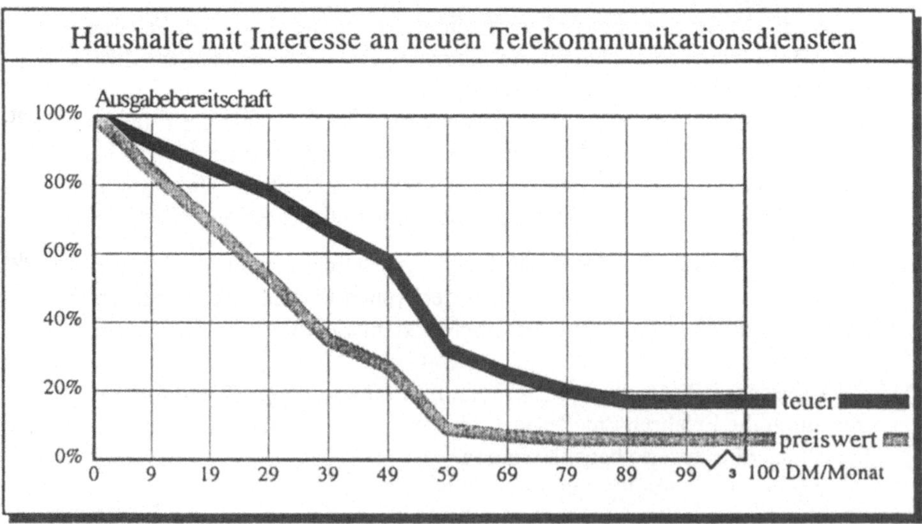

Grafik 12

Das frühe private Nachfragepotential für neue Telekommunikationsdienste ist auf 8% bis 10% der Haushalte begrenzt.

Frühes Nachfrage-Potential für
neue Telekommunikationsdienste

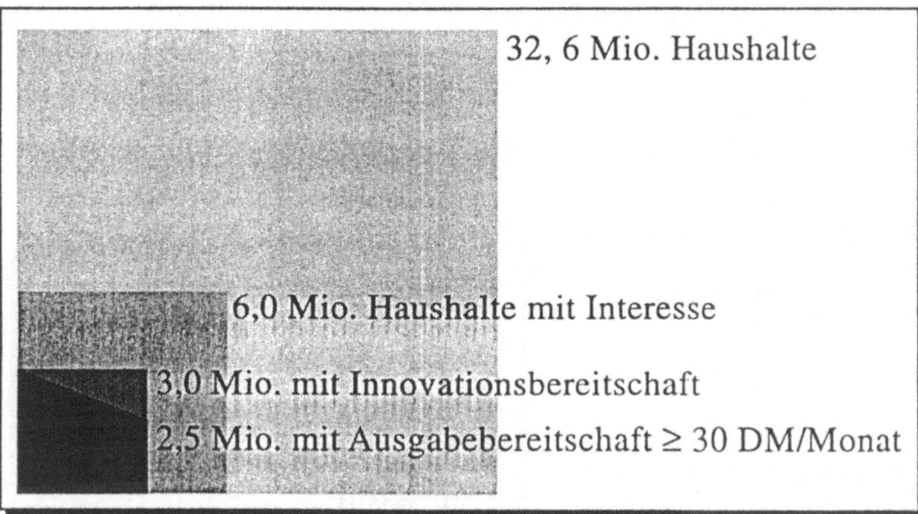

Grafik 13

Auch im geschäftlichen Bereich lassen sich reihenweise Ansatzpunkte für die Schätzung künftiger Nachfrage aus heutigem Verhalten finden.

Die Analyse der geschäftlichen Kommunikation zeigt z.B., daß bereits durch das intensive Marketing heutiger Dienste nahezu eine Verdoppelung der Nachfrage erreicht werden könnte und daß künftige Dienste - wie z.B. die (Bewegt-)Bildkommunikation vom Arbeitsplatz aus - eine weitere Verdoppelung hervorrufen.

Geschäftliches Potential für
Telekommunikationsdienste

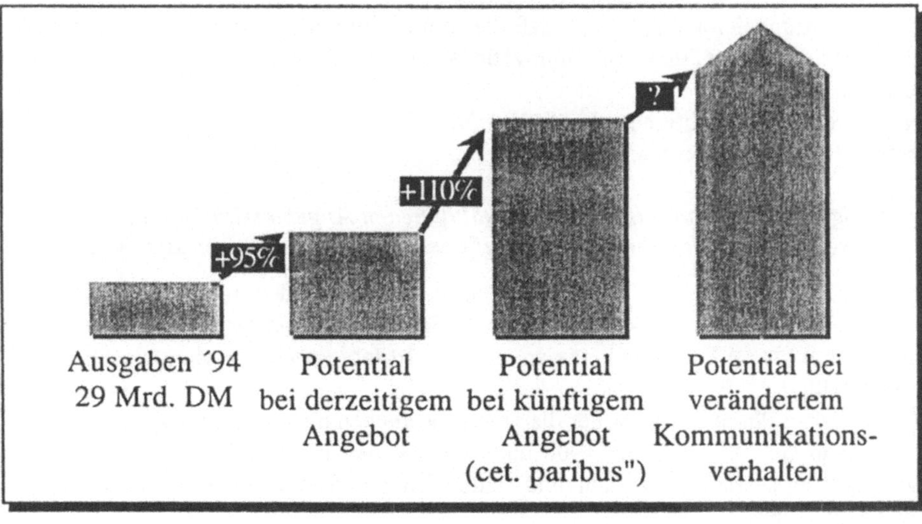

Grafik 14

Dennoch sind die frühen Potentiale für neue Telekommunikationsdienste im privaten wie geschäftlichen Sektor relativ klein. Erst nach deren Ausschöpfung sind jedoch weitere "vorsichtige" Interessen aktivierbar.

Frühes Nachfrage-Potential für neue Telekommunikationsdienste

<table>
<tr><td>Privatmarkt-
Potential</td><td></td><td>Geschäftliches
Potential</td></tr>
<tr><td>2,0 Mio. interessierte, "frühe Käufer" - Haushalte, die $\geq$ 30.- DM / Monat ausgeben würden</td><td>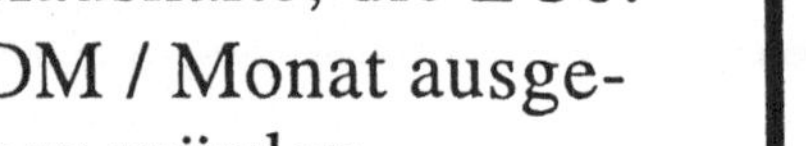</td><td>2,5 Mio. Beschäftigte mit Außenkontakten, die durch (Bewegt-) Bildkommunikation effizienter werden</td></tr>
</table>

Grafik 15

Für die konkrete Geschäftsplanung müssen diese Nachfragepotentiale außerdem dynamisiert werden, d.h. man muß wissen, wieviel Nachfrage in welchem Jahr man bei welchem Preis tatsächlich generieren kann.

Der Mobilfunktelefonmarkt zeigt, daß dies bei einem völlig neuen Markt mit einer solchen Ableitung aus Interesse, Innovationsbereitschaft und Preissensibilität sehr zuverlässig möglich ist.

Nur unter Berücksichtigung der frühen Nachfrage können Investitionen in neue Märkte sicher geplant werden.

Langfristig allerdings kann man in einer völlig neuen Angebotssituation nicht davon ausgehen, daß dies ohne Einfluß auf das Verhalten der Nachfrager bleibt.

Verhaltensänderungen gehen allerdings langsam vor sich und werden daher nicht in einer frühen Marktphase wirksam, so daß die Betrachtung künftiger Märkte in eine frühe (5 Jahre bis 10 Jahre) und eine späte (über 10 Jahre nach der Markteinführung) Phase zerfällt.

Für die späte Phase ist das bisher diskutierte Vorgehen nicht mehr geeignet.

Stellt man sich z.B. vor, um 1900 hätte jemand den Privatmarkt für das Telefon langfristig prognostizieren wollen und hätte sich am damaligen Kommunikationsverhalten orientiert.

Mobilfunktelefon

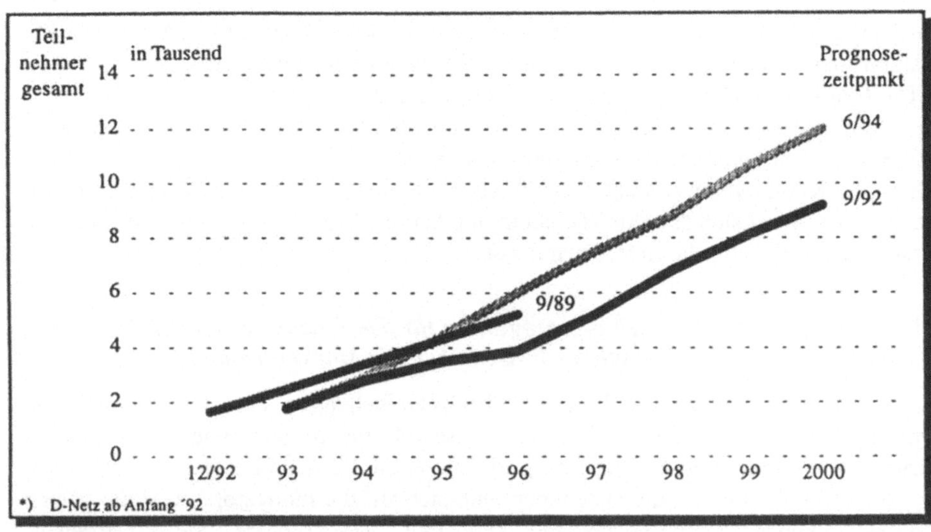

Grafik 16

Das höchste was wohl dabei herausgekommen wäre, wäre eine Marktsättigung von 40% der Privathaushalte!

Potential für Telefon um 1900

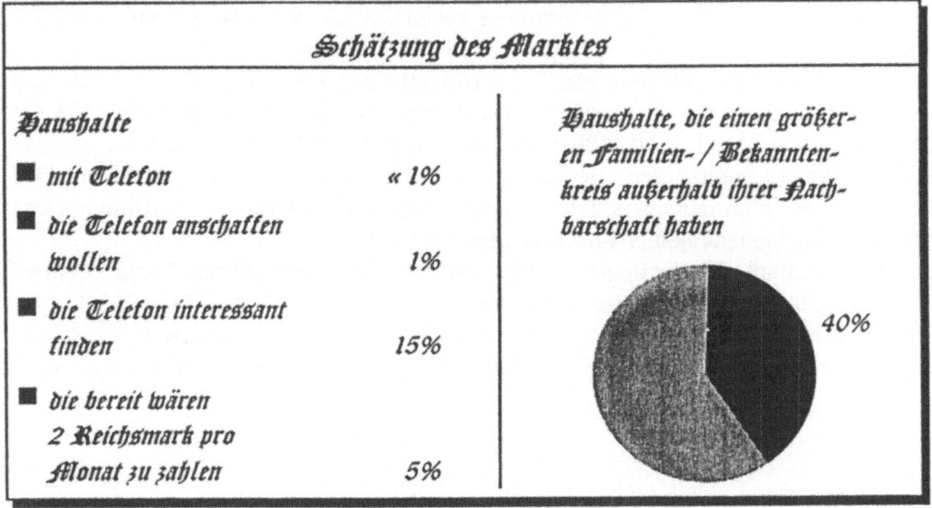

Grafik 17

Führt diese Erkenntnis erneut zurück zum "Guru-Ansatz"?

Hoffentlich nicht!

Nur Unternehmen, die die frühe Phase wirtschaftlich überstehen und sich eine Marktposition sichern, haben Chancen, die Marktreife-Phase mitzugestalten.

Um Flops zu vermeiden, aber - viel wichtiger noch - um diesen Markt systematisch und zügig zu entwickeln, braucht man eine detaillierte und realistische Marktsicht - die Kunden entscheiden, und nicht die Entwickler!

Erst die Kombination aus unterschiedlichen Verfahren erlaubt eine zukunftssichere Planung im Wachstumsmarkt "Telekommunikationsdienste", die eine verlässliche Entscheidungshilfe für die Investoren darstellt.

Wie also sähe ein Marktforschungsprogramm für den Wachstumsmarkt Telekommunikationsdienste aus, das solides Wissen über den Markt vermittelt?

Einen sehr erheblichen Anteil haben die Untersuchungen des Kommunikationsverhaltens und des Kommunikationsbedarfs, sowohl des privaten wie des geschäftlichen Sektors, die es erlauben, überhaupt das Potential für neue Dienste abzuschätzen. Ein Schwerpunkt dieser Untersuchungen muß sich auf die Innovatoren und die frühen Mehrheiten konzentrieren, die die Marktentwicklung wesentlich bestimmen werden.

Marktsegmentierung und zielgruppenspezifische Anforderungen an die Gestaltung des Diensteangebots sowie die Preispolitik und daraus abgeleitete Prognosen sind weitere wichtige Elemente eines Marktforschungsprogramms für die Anbieter von neuen Telekommunikationsdiensten.

Dies klingt nach einem sehr umfangreichen und aufwendigen Programm, das in einem deutlichen Kontrast zu dem bisherigen Marktinformationsverhalten der Informations- und Kommunikationstechnikbranche steht.

Es bietet sich an, sich anzusehen, was Unternehmen in entwickelten Märkten tun, die Erfahrung mit einer detaillierten Marktplanung haben:

Unternehmen in entwickelten Märkten geben 3% bis 5% des Werbebudgets für Marketingforschung aus, d.h. 0,2% bis 0,3% ihres Umsatzes.

Nehmen wir eine globale - kürzlich veröffentlichte - eher konservative Schätzung ernst, so hat der deutsche Markt für Telekommunikationsdienste im Jahr 2003 ein Volumen von rund 100 Milliarden DM erreicht. Für die Marktforschungsaufwendungen bedeutet dies eine Steigerung von heute etwa 50 bis 60 Millionen DM im gesamten Informations- und Kommunikationsmarkt auf rund 150 Millionen DM allein im Telekommunikations-**dienste**-Markt pro Jahr.

Mehr ernsthafte Marketingforschung erfordert allerdings nicht nur "Geld" sondern auch eine adäquate Organisation zur wirtschaftlichen Nutzung dieser Budgets!

Man wird z.B. nachdenken, ob man sich die Kosten für die Beschaffung von Marktinformationen - über öffentliche und Verband-Statistiken hinaus - nicht teilen sollte.

Basisinformationen brauchen alle - strategische und taktische Informationen bauen darauf erst auf - warum also nicht die Basis gemeinsam legen?

Ein gutes Beispiel ist der Finanzmarkt! Er ist ebenfalls ein Dienstleistungsmarkt mit einer erst 10 bis 15jährigen Marktforschungsgeschichte (seit dem breiten Privatkunden-Geschäft) **und** er ist künftig in gewisser Weise mit dem künftigen Telekommunikationsdienstemarkt verwoben (Telebanking)

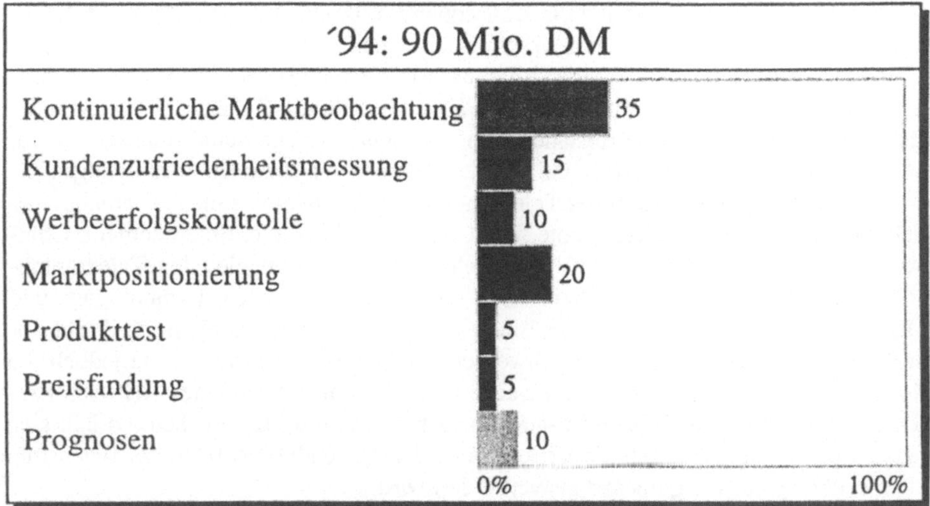

Grafik 18

Gemeinschaftsstudien haben zwei entscheidende Vorteile:

— Gesprächsforum; Bündelung von Markt-Know-how
— Wirtschaftlicher Vorteil: Daten, die alle brauchen, werden nur einmal ermittelt. Angenommen 40% des Budgets wird für Gemeinschaftsstudien mit 10 Teilnehmern aufgewendet, so entspricht dies einer Verfünffachung des eigenen Budgets!

Der "grenzenlose" Markt - eine globale Sicht

Rainer Liebich

Im Rahmen des Vortrages sollen weniger Daten über das Wachstum der verschiedenen Service-Bereiche dargestellt werden, als vielmehr die Veränderung des globalen Telekommunikationsmarktes und die Konsequenzen für einen Service-Anbieter in Bezug auf Marktsegmentierung und Marketing-Strategien.

Mir erscheint es notwendig, zuerst den Markt zu strukturieren, bevor man Prognosen über sein Wachstum durchführen kann. Dabei besteht die Gefahr, daß eine globale Sicht durch ihren großen Abstand zum Betrachtungsgegenstand ungenau wird, während die konsequente Markt- und Kundennähe eher ein Parameter des Erfolges ist.

Betrachtet man die Zukunft der Telekommunikation, so könnte man annehmen, daß sich die verschiedenen Teilsegmente, wie Consumer Electronic, Entertainment, Computing, Publishing, Interactive TV and Telephony, zu einem globalen Telekommunikationsmarkt zusammenschließen. Hier muß jedoch zwischen Technologien und Märkten unterschieden werden. Der Einsatz einer digitalen Technologie in diesen Industrien führt zwar zu einem Ähnlichwerden der Märkte und Produkte, da jedoch die Kunden diese für unterschiedliche Zwecke und nach unterschiedlichen Kriterien kaufen, kann man nicht von einem Zusammenwachsen der Märkte sprechen. Es läßt sich jedoch feststellen, daß durch die Verknüpfung der Anwendungsgebiete das Wachstum aller Teilbereiche eher gefördert als verhindert wird.

Bevor ich auf die heutige Sicht des Telekommunikationsmarktes zu sprechen komme, möchte ich zunächst einmal die Veränderungen des Telekommunikationsmarktes darlegen. Dieser Markt wurde durch fast einhundert Jahre Ruhe geprägt. Allerdings zeigt die gegenwärtige Hektik in diesem Bereich, daß die Phase der Ruhe vorüber ist. Am besten lassen sich diese Veränderungen durch zwei Statements der Telekom kennzeichnen, mit denen versucht wurde bzw. wird, Kundenverhalten zu beeinflussen. Stand an fast jeder Telefonzelle vor rund dreißig Jahren ein Satz, der die Versorgungslage der Bevölkerung mit Telefongeräten kennzeichnete, "Fasse Dich kurz", so versucht die Telekom heute durch den Slogan "Ruf doch mal an" das Kundenverhalten zu stimulieren. Der Markt hat sich von einem Verkäufer- zum Käufermarkt gewandelt.

Das Telefonnetz war die erste globale Infrastruktur, die zum einen preisgünstiger war als alle anderen Infrastrukturen, und die es erlaubte, rund um den Globus zu telefonieren. Das "Ease of Use" beim Telefonieren ist sicherlich unerreichbar, denn durch das Wählen einer Telefonnummer ist es auch einem Laien möglich, im Rahmen des internationalen Selbstwählverkehrs jede weltweite Verbindung herzustellen, während die Bedienung eines PC´s oder Videorecorders das intensive Studium zumindest der Bedienungsanleitung vor der Inbetriebnahme erforderlich macht.

Der Telekommunikationsmarkt zeichnete sich in der Vergangenheit durch die internationale Kooperation nationaler Monopole aus, d.h. es fand kein Wettbewerb statt, so daß sich die Gebühren auf einem sehr hohen Niveau einpendeln konnten. Der Verbraucher war vom Angebot seiner Hoheitsverwaltung abhängig, da er keine Alternative wählen konnte. Das Angebot war durch die kameralistische Finanzplanung geprägt.

Betrachtet man die Veränderungstendenzen des heutigen Telekommunikationsmarktes, so kann man zunächst feststellen, daß es zu einer Globalisierung des Informationsbedarfes gekommen ist. Viele Unternehmen betreiben ihre Geschäfte rund um den Globus, wobei es sich sowohl um Banken, den Handel als auch um Industriebetriebe handelt. Darüber hinaus beobachten wir eine funktionale und lokale Disaggregation von Unternehmen, sei es durch das Outsourcing von Funktionen oder durch teilweise Verlagerung einzelner Betriebsteile in Billiglohnländer. Diesen Veränderungen des Geschäftsmarktes muß die Telekommunikation sicher Folge leisten. Darüber hinaus führt auch die Mobilität im privaten Bereich zu einer Globalisierung des privaten Telefonverhaltens.

Erfreulicherweise hat in fast allen Ländern dieser Welt die Deregulierungsdebatte begonnen, die zu einer Privatisierung der einst staatlichen Monopole und zum Aufbau von Wettbewerbsangeboten führen wird. Es ist davon auszugehen, daß alternative Infrastrukturen für den Markt zur Verfügung stehen werden und daß es speziell im Bereich der Computer und Telekommunikation zu einer starken Integration der Anwendungen kommen wird. Beim Angebot von Diensten und Produkten wird der Wettbewerb zu Wahlmöglichkeiten des Verbrauchers führen und die einst staatliche Gebührenpolitik zu einer Flexibilität des Preismechanismus führen. Trotz erheblicher Preissenkungen wird es zu einem Wachstum des Gesamtmarktes kommen.

Betrachten wir noch einmal den Aspekt der Globalisierung, so läßt sich feststellen, daß der Telekommunikationsmarkt sicher ein globaler Gesamtmarkt ist, in dem die Kunden nach einheitlichen Kriterien betreut werden wollen (ohne stop shopping). Die verschiedenen früher staatlichen Unternehmen werden das internationale Wachstum vorantreiben, wobei sie die Marktführerschaft im Heimatmarkt wenigstens mittelfristig behalten werden. Die Notwendigkeit der globalen Präsenz und die Unfähigkeit alle Investitionen in eine globale Infrastruktur durchführen zu können, führt zu Partnerschaften. Jüngste Beispiele in Deutschland zeigen, welche Attraktivität der Telekommunikationsmarkt in einem entwickelten Industrieland auf in- und ausländische Investoren ausübt. Allerdings ist mittelfristig zu befürchten, daß aufgrund der Überinvestitionen in diesem Bereich ein erheblicher Kostendruck einsetzt und es zu einem späteren "Shake out" der verschiedenen Player führen kann. Ungeachtet der Tendenz zur allgemeinen Globalisierung besteht jedoch die Notwendigkeit der lokalen Differenzierung, da sich die Kunden in den verschiedenen Regionen durch ein sehr stark unterschiedliches Telefonverhalten auszeichnen.

Neben der Globalisierung des gesamten Marktes ist die Individualisierung und Spezifizierung auf der Produktebene ein weiteres Kennzeichen des Telekommunikationsmarktes. Der unmittelbare Kontakt zum Kunden muß in lokalen Märkten gesucht werden. Any business is local business, d. h., daß mehrere Wettbewerber in lokal unterschiedlichen Märkten um die Kunden kämpfen müssen. Die Gunst der Kunden muß durch eine lokale Produktgestaltung gewonnen werden. Auch im PostSales-Bereich ist es erforderlich, dem Kunden einen lokalen Service zu bieten. Aufgrund der Erfahrung in anderen Branchen ist damit zu rechnen, daß die Kunden auch im lokalen Markt eine größere Awareness gegenüber globalen Brands zeigen werden, sodaß die großen internationalen Player Ihre Chance auch in den lokalen Märkten suchen werden.

Die Folgerungen, die sich für die Unternehmen der Telekom-Industrie aus diesen Tendenzen ergeben, lassen den Schluß zu, daß die Telekommunikation zu einem "normalen Markt" wird, der sicher einige Besonderheiten aufweist. In der heutigen Diskussion stehen Technologie und Innovation im Vordergrund, während man sich generell darüber im klaren sein muß, daß langfristig in der Telekommunikation der Kunde mit seinen Bedürfnissen im Vordergrund der Betrachtung stehen muß. Nur wenn es gelingt, den Kundenbedarf zu decken und durch die angebotenen Produkte zu einer Customer Satisfaction zu gelangen, wird es möglich sein, sich in dem stärker werdenden Wettbewerb zu behaupten.

Die Unternehmen müssen dementsprechend den Markt nach Kundengruppen segmentieren, in denen sie gegenüber dem Wettbewerb einen Vorteil erzielen können. Außerdem müssen sie offen für externe Partnerschaften sein, da es kaum einen Anbieter gibt, der die gesamte Value Chain zur Erstellung von Telekommunikations-Produkten im eigenen Haus abdecken kann.

Betrachtet man den Markt für Telekommunikations-Services, so muß man sich zunächst einmal die Frage stellen, wie das Produkt in der Telekommunikation aussieht. Das eigentliche Produkt sind die Minuten im Netzwerk, die der Kunde benötigt, um ein Telefongespräch zu führen. Dabei erhebt sich die Frage, ob es sich hierbei um ein Produkt oder um eine Dienstleistung handelt. Betrachtet man den Unterschied zwischen einem Produkt und der Dienstleistung, so wird ein Produkt in der Regel für einen anonymen Markt gefertigt und als Preis pro Stück dem Kunden fakturiert. Eine Dienstleistung wird dagegen meistens persönlich erbracht, und der Maßstab für die Fakturierung ist der Preis pro Zeit, die der Dienstleister aufbringt, um die Leistung zu erfüllen.

In den vielen Märkten begegnet man dem sogenannten Produktparadoxon, d.h. die Anbieter von Produkten versuchen, ihren Produkten immer mehr das Image einer Dienstleistung zu geben, während die traditionellen Dienstleister versuchen, ihre Leistung in Produkten zu kategorisieren (z.B. Finanzdienstleistungen).

Egal wie man sich in diesem Streit verhält, verbleibt zu bemerken, daß der Anbieter von Telekommunikationsleistungen versuchen muß, ein Produkt-Portfolio zu entwickeln, um dem Kunden eine breitere Palette anzubieten und seine Netzwerkkapazität auszulasten. Dabei spielen Sondertarife zu bestimmten Zeiten eine bedeutende Rolle, um das Anrufverhalten der Kunden auf verkehrsarme Zeiten zu fokussieren. In der internen Betrachtungsweise wird man mehr und mehr zur Produktphilosophie neigen, um das Gesamtangebot in verschiedene Kategorien aufgliedern und die Profitabilität der verschiedenen Produkte messen zu können.

Voraussetzung für die Produktion derartiger Leistungen ist allerdings ein intelligentes Netzwerk, das es ermöglicht, die Kosten der Produktion zu erfassen und dem Produktumsatz zuzuordnen.

Betrachtet man die Produktionsseite der Telekommunikation, so ist zu beachten, daß eine sehr komplexe Infrastruktur Voraussetzung für die Leistungserstellung ist. Diese Infrastruktur besteht zum einen aus Geräten zur Erfassung der Daten und

Informationen. Diese Informationen müssen dann über Computer-Server oder Telefonnebenstellenanlagen in die Netzwerke eingespeist werden. Zur Vermittlung und Übertragung bedarf es spezieller Vermittlungs- und Übertragungsrechner und die Informationen in den Netzwerken werden durch verschiedene Netzwerk-Dienstprogramme gemanagt und sorgen dafür, daß der Informationsinhalt an die richtige Stelle übertragen wird.

Die Integration und das Managen derartiger komplexer Infrastrukturen bzw. Systemarchitekturen erfordert ein sehr hohes Integrations-Know-how. Dabei werden die Einzelkomponenten in der Regel von verschiedenen Herstellern angeboten, so daß eine Standardisierung der Schnittstellen erforderlich ist. Die Digitalisierung der Vermittlungs- und Übertragungstechnik führt dazu, daß die Telekom Operatoren an der Verbesserung des Preisleistungsverhältnisses aus der Computertechnik partizipieren können, was den Anbietern dieser Technologien nicht immer Freude macht. Auch wenn bei der Errichtung und dem Betrieb derartig komplexer Infrastrukturen die Technik eine auch weiterhin entscheidende Rolle spielen wird, so ist zu erwarten, daß mit dem durch die Deregulierung bedingten Wettbewerb die Rolle der Ingenieure geringer wird. Je mehr sich ein Markt entwickelt, je größer die Zahl der Diensteanbieter wird, desto wichtiger wird die Funktion des Marketing und damit die Rolle der Marketeers. Je reifer ein Markt wird desto notwendiger wird die Segmentierung des Gesamtmarktes in spezielle Kundensegmente.

Betrachtet man nun die verschiedenen Formen der Marktsegmentierung, so ist festzustellen, daß eine mehr dimensionale Strukturierung notwendig ist, um den Gegebenheiten des Kunden gerecht zu werden. Als erstes bietet sich die Aufteilung der Märkte in Geographie, Kundenstruktur und Anwendungen an. Im geographischen Umfeld lassen sich lokale, nationale, regionale und globale Marktsegmente identifizieren, während man bei den Kunden in der Regel eine Aufteilung des Marktes nach Kundengröße durchführen kann. Auf der Anwendungsseite lassen sich unterschiedliche Teilmärkte identifizieren, je nachdem, welchem Zweck die Telekommunikationsleistung dient. Beispielhaft können hier Unterhaltung, Schulung, Informationsversorgung oder Teleworking als gesonderte Marktsegmente genannt werden. Da sich die verschiedenen Marktsegmentierungskriterien überschneiden und mehrere Kriterien angewandt werden müssen, ist die endgültige Segmentierung ein sehr komplexer Vorgang.

Darüber hinaus muß versucht werden, neben den traditionellen Segmentierungskriterien, wie Demographie, Region und Produkt, neue Ansätze zu berücksichtigen. Das individuelle Telefonverhalten des Kunden, die Art und Weise der Verkehrsströme und eine klare Einbeziehung des Wettbewerbs erhöhen die Komplexität des Segmentierungsvorganges. Da die Entscheidungskriterien eines Kunden entscheidend von seinem Telefonverhalten abhängen, ist es am vordringlichsten, den Kunden und seine Bedürfnisse im Vordergrund der Marketingbemühungen zu sehen.

Beim Telefonverhalten lassen sich aus der unterschiedlichen Entwicklung einzelner Märkte signifikante Unterschiede im Gesamtumgang mit Telefondienstleistungen erkennen. So benutzen z.B. 55 % der international Reisenden in den USA eine Telefonkarte, während diese Bezahlungsart in Europa nur mit 11 % am Gesamtmarkt vertreten ist. Demgegenüber benutzen 60 % der Europäer das Hoteltelefon, während in den USA nur 20 % diesen Weg wählen. Auch bei der Betrachtung eines gesamtregionalen Marktes bringt die Aufteilung in verschiedene Teilmärkte unterschiedliche

94

Rangfolgen der einzelnen Länder und die Anbieter können gemäß ihren Stärken Schwerpunkte setzen.

Für die globale Strategie eines Telekommunikationsoperators ist es erforderlich, die Attraktivität von Ländern zu identifizieren, um die Internationalisierungsbemühungen durch bestimmte Prioritäten abzusichern. Da die Investitionen in die Infrastruktur bzw. in die Service-Organisation groß sind, handelt es sich bei der Internationalisierungsentscheidung nicht so sehr darum, einzelne Produkt in möglichst vielen Ländern zu vertreiben, sondern man muß eine Gesamtproduktpalette anbieten, um die Kunden dieser Region zu erreichen und ein profitables Geschäft betreiben.

Die Attraktivität des Marktes wird zum einen durch das Telefonverhalten zum anderen durch den Status der Deregulierung beeinflußt. In der Regel zeigt es sich, daß industrialisierte Länder eine höhere Telefondichte haben und über eine bessere Infrastruktur verfügen, so daß die Chancen bei niedrigeren Investitionen für den Anbieter in diesen Ländern größer sind. Neben der Attraktivität des regionalen Marktes muß sich jedoch jeder Telekomoperator darüber im klaren sein, welchen Wettbewerbsvorteil er gegenüber den anderen im Wettbewerb stehenden Firmen hat, um die richtigen Prioritäten bei der Internationalisierung zu setzen. Das Differenzierungspotential ist speziell im Bereich der Mehrwertdienste groß.

Haben wir bisher über die verschiedenen Marktsegmente gesprochen, so läßt sich die Segmentierung auf der Kundenebene weiter fortsetzen. Hierbei lassen sich auf der ersten Stufe drei Kategorien identifizieren, nämlich den privaten oder residential Telefonkunden, den Mobil-Telefonkunden und den institutionellen Telefonkunden. Eine weitergehende Segmentierung ist sicher erforderlich, um für noch dediziertere Kundengruppen das Produktangebot und die Distributionskanäle festzulegen. Auch in der Telekommunikation müssen alle Vertriebsformen und -kanäle eingesetzt werden, um die Vertriebskosten dem Produktangebot anzupassen. Die Telefonkunden haben - je nach Zugehörigkeit zu einem Marktsegment - unterschiedliche Bedürfnisse, denen unterschiedliches Vertriebs-Know-how und unterschiedliche Vertriebskosten gegenüberstehen. Je nach Kundenbedarf und dem notwendigen Vertriebs-know-how ist die Strukturierung des Channel Mixes erforderlich. Ein Teil der Produkte muß kostengünstig über die verschiedenen Vertriebskanäle vertrieben werden, während bei anderen Produkten die Kompetenz des Vertriebes entscheidend für den Erfolg ist.

Betrachtet man das Telefonverhalten in verschiedenen Kundensegmenten, so stellt man fest, daß die Bedürfnisse in Bezug auf Preisqualität, Verläßlichkeit sowie Erreichbarkeit, Kundenbetreuung, Rechnungslegung und dem Ease of Use bei unterschiedlichen Gruppen unterschiedlich gewichtet werden. Diese Unterschiede müssen im Marketingmix und bei der Auswahl des Distributionskanals segmentspezifisch berücksichtigt werden.

Der Weg vom Kundenbedarf zum Produkt führt über die jeweilige Value Chain des Unternehmens und wird an dem Beispiel der multinationalen Kunden und dem AT & T WorldSource-Produkt dargestellt. WorldSource stellt dabei eine weltweite Produktdefinition dar, die verschiedene Value Elements aufweist. Das Produktangebot von WorldSource hat zum einen global uniforme Features, zum anderen aber landesspezifische Ausprägungen, um der unterschiedlichen Kundenstruktur Rechnung zu tragen. Das einheitliche Produkt "WorldSource" kann von den Mitgliedern der WorldPartners Association mit beeinflußt und vertrieben werden, während die

Vertriebspartner diese Produkte im Rahmen eines Franchisekonzeptes in ihren Regionen vertreiben können.

Betrachtet man beim Channel Mix die Erreichbarkeit der Kunden im Verhältnis zu den entstehenden Vertriebskosten, so läßt sich leicht erkennen, daß die Ausnutzung aller Vertriebskanäle notwendig ist, um die Vertriebskosten im Griff zu halten. Dabei ist es erforderlich, daß die verschiedenen Vertriebsmaßnahmen einem unterschiedlichen Marketing Mix Rechnung tragen.

Als Resumée aus dem vorher Gesagten läßt sich festhalten, daß der Telekommunikationsmarkt ein Markt wie jeder andere werden wird. Die heute im Vordergrund stehende Technologiediskussion wird nach und nach in den Hintergrund treten. Der Technologiefokus wird einem Kundenfokus weichen müssen. Die Kundenorientierung und die Möglichkeit der Kundenbindung wird der Maßstab für den Erfolg der verschiedenen Wettbewerber sein. Das Telefonieren "per se" wird sich als Commodity erweisen, die einem enormen Preiswettbewerb unterliegt. Den Mitbewerbern wird es nur möglich sein, sich durch den sogenannten Value Added voneinander zu unterscheiden.

Aufgrund der Komplexität der Value Chain ist es einsichtig, daß kaum ein Telekom Operator oder Service Provider 100 % der Leistungen allein erbringen kann. Auf jeder Stufe der Wertschöpfungskette wird es notwendig sein, mit teilweise unterschiedlichen Partnern zusammenzuarbeiten, um ein Gesamt-Angebot zu konfigurieren. Darüber hinaus werden auf jeder Integrationsstufe unterschiedliche Wettbewerber auch Einzelleistungen anbieten, Lieferanten werden zu Mitbewerbern. Wer im Markt überleben will, dem muß es gelingen, die Leistungen und Kosten jeder Integrationsstufe im Endpreis abzudecken. Das wird nur möglich seindurch einen kreativen Ideenwettbewerb der sich in speziellen Marktsegmenten abspielt.

Stand am Beginn der Ausführungen die Frage, inwieweit die Telekommunikation ein globaler Markt ist, so läßt sich diese Frage in der Weise beantworten, daß es sich in der Telekommunikation um eine Vielzahl von Märkten handelt, die teilweise globalen, teilweise regionalen und teilweise lokalen Charakter haben. Ungeachtet der jeweiligen Marktausprägung ist es jedoch erforderlich, den Kunden mit lokalem Service zu betreuen und auf die regional unterschiedlichen Wettbewerbssituationen einzugehen. Die allgemeinen Trends zur Globalisierung der gesamten Industrie machen globale Produkte erforderlich, und es ist notwendig eine globale Infrastruktur aus Hard- und Software-Komponenten aufzubauen. Die Globalität der Infrastruktur bedeutet nicht, daß letztendlich jeder globale Telekom-Operator eine eigene Infrastruktur besitzen muß. Hier wird sich der Markt aufteilen in Anbieter von Carrier Leistungen und Anbieter von Service-Produkten.

Wichtig für die weitere Entwicklung der Telekommunikationsindustrie ist die möglichst umgehende Deregulierung in den verschiedenen Regionen der Welt. Schwerpunkt der Deregulierung muß die allgemeine Verfügbarmachung der globalen Infrastruktur für die verschiedenen Service Provider sein.

Bei einer privatisierten Infrastruktur haben auch innovative, aber kleine Service-Anbieter gute Chancen, sich neben den globalen Playern zu behaupten.

Auch wenn gegenwärtig die Euphorie in der Telekommunikationsindustrie überwiegt, wird auch diese Industrie nicht generell von Entwicklungen anderer Branchen verschont bleiben. Bedingt durch erhebliche Investitionen verschiedener Player im Markt, ist es nicht auszuschließen, daß es auch in der Telekommunikationsindustrie zu einem Shake Out kommt. Wann und in welchem Umfang ein derartiger Shake Out bevorsteht, ist noch nicht ganz genau abzusehen. Der zunehmende Wettbewerb wird jedoch auch hier seine Wirkungen zeigen. Dabei ist es nicht so sehr eine Frage inwieweit Großfirmen gegenüber kleineren über Wettbewerbsvorteile verfügen, da für alle Platz sein kann. Eines scheint jedoch sicher: Die schnellen Unternehmen werden erfolgreicher sein als die langsamen.

Der Regulierer als Marktmacher

Eberhard Witte

1 Regulierung

Die Regulierung stellt sich als ordnungspolitische Aufgabe des Staates erst dann, wenn der Schritt vom Monopol zum Wettbewerb erfolgt. Solange der Staat selbst den Telekommunikationsbetrieb als unmittelbare Bundesverwaltung in der Hand behielt und der Postminister alle Entscheidungen durch Verwaltungsakte regeln durfte, blieb das Regulierungsgesetz (in Deutschland das Fernmeldeanlagengesetz)auf wenige wortkarge Bestimmungen beschränkt. Staatliche Hoheitskompetenz, Monopol und flächendeckende Mindestversorgung waren die Grundprinzipien der traditionellen Ordnung.

Deregulierung heißt Zurücknahme der staatlichen Alleinherrschaft. Dies bedeutet eine schrittweise Zulassung von Wettbewerbern, zunächst auf dem Gebiet der Teilnehmerendgeräte, dann in Randgebieten der Dienstleistungen und schließlich sowohl im Kerngeschäft des Telefondienstes als auch im Netzbetrieb. Mit fortschreitender Liberalisierung und gleichzeitiger Privatisierung des ehemaligen Staatsbetriebes wird die Ordnungspolitik komplizierter. Subtile Regulierungseingriffe zur Sicherung fairer Wettbewerbsbedingungen für alle Teilnehmer waren notwendig. Das Ziel der Regulierung besteht in der Öffnung von Märkten und der Schaffung von Planungssicherheit für alle Beteiligten. Die Regulierung kann zurückgenommen und schließlich eingestellt werden, wenn auf dem Markt der Telekommunikation keiner der Wettbewerber mehr eine marktbeherrschende Stellung einnimmt, die ihn zu einem Verdrängungswettbewerb befähigt. Eine erfolgreiche Regulierung schafft sich also selbst ab.

2 Öffnung und Pflege des Marktes

Es genügt nicht, durch Gesetzgebung den Wettbewerb zu erlauben. In Schweden war das Fernmeldemonopol niemals gesetzlich geschützt und doch gab es jahrzehntelang keinen Wettbewerb. Es kommt also darauf an, die ordnungspolitischen Rahmenbedingungen so zu setzen, daß sich ein faktischer Wettbewerb einstellt, also neue Wettbewerber den Markt betreten.

Soweit knappe Ressourcen bereitgestellt werden müssen, um Telekommunikationsleistungen hervorbringen und im Markt anbieten zu können, bedarf es einer Ausschreibung und einer Lizenzierung von Dienstleistern und Netzbetreibern. Die Engpässe werden gebildet durch Wegerechte, Funkfrequenzen und Zugangsnummern.

Allgemeine Genehmigungen (Zulassungen, Verleihungen) sind möglich und ordnungspolitisch sinnvoll, soweit die genannten Ressourcen dem Wettbewerb nicht entgegenstehen.

Da die Dienstleistungen der Telekommunikation weitgehend an die Existenz von Infrastrukturen gebunden sind, besteht eine weitere Aufgabe der Regulierung in der sogenannten Interconnection, d.h. der Sicherung von Zusammenschaltungen verschiedener Infrastrukturen und der Öffnung des Netzzuganges für alle Diensteanbieter.

Um den Marktteilnehmern gleiche Ausgangsbedingungen zu schaffen, sind die Schnittstellen zwischen den konkurrierenden Systemen durch Standards und allgemein zugängliche Informationen zu sichern (ONP = Open Network Provision). Überhaupt ist die Transparenz von Angebot und Nachfrage, von Art und Menge der Leistungen sowie der Preise und der begleitenden Konditionen von ausschlaggebender Bedeutung. Je offener der Markt ist, desto eher erschließt er sich zur Deckung und Weckung des Bedarfs.

Die schwierigste Aufgabe der Regulierungspolitik besteht in der Gestaltung des Übergangs vom Monopol zum Wettbewerb. Mit der Privatisierung des Traditionsunternehmens und der Zulassung neuer Wettbewerber ist nicht zwangsläufig ein Gleichgewicht der wirtschaftlichen Machtverteilung erreicht. Der ehemalige Monopolist ist für eine Periode von mindestens zehn Jahren noch marktbeherrschend (dominant carrier). Deshalb richtet sich der marktöffnende und marktpflegende Eingriff des Regulierers auf die Beschränkung seiner Marktmacht. Wie das Beispiel in den USA, Großbritannien und Japan zeigt, ist zu verhindern, daß das traditionelle Großunternehmen auf den neuen Wettbewerb mit (niedrigen) Dumping-Preisen reagiert, während es in Bereichen, in denen der Wettbewerb noch nicht entfaltet ist, möglichst hohe Preise zu realisieren sucht. Deshalb sind die Struktur und die Höhe der Leistungstarife genehmigungsbedürftig.

Hinzu tritt eine Qualitätskontrolle, die verhindern soll, daß zum genehmigten Tarif eine mindere Leistungsqualität realisiert wird. Hier ist der systematische Ansatz der grundgesetzlichen Forderung nach flächendeckend angemessenen und ausreichenden Diensnstleistungen zu beachten. Der Universaldienst als Mindestversorgung jedes Bürgers ist auch nach der Privatisierung und nach Einführung des Wettbewerbs eine ernstzunehmende Regulierungsaufgabe. Allerdings ist zu erwarten, daß in Deutschland als einem gleichmäßig besiedelten und gleichmäßig wirtschaftlich entwickelten geographischen Gebiet eine flächendeckende Versorgung unter Wettbewerbsbedingungen auch ohne Regulierungseingriffe gesichert ist.

Schließlich sind Fusionskontrollen und die Vermeidung von Quersubventionen zwischen den Leistungssparten des dominierenden Netzbetreibers als Regulierungsaufgaben zu bewältigen.

3 Informationsbedarf des Regulierers

Mit der Trennung zwischen Hoheitsinstanz (Ministerium, Regulierungsbehörde) und der Deutschen Telekom AG (Betrieb) ist die ursprüngliche Einheit von Informiertheit und Entscheidungskompetenz verlorengegangen. Der Regulierer ist heute darauf angewiesen, von den regulierten Unternehmen die für die eigene Willensbildung notwendigen Informationen zu erhalten. Dabei stellt sich heraus, daß die für die Öffnung und Pflege der Märkte notwendigen Daten nicht verfügbar sind. Weder sind die einzelnen Marktsegmente deutlich definiert, noch sind Art und Menge des Bedarfs sowie Qualitäten und Preise des Angebots bekannt, ganz zu schweigen von verläßlichen internationalen Vergleichszahlen.

Der Grund liegt in der bisherigen Handhabung der Daseinsvorsorge. Solange nicht das Angebot dem Bedarf, sondern umgekehrt die Bedarfsdeckung dem Angebot angepaßt wurde (Wartelisten, administrierte Preise), war die Kenntnis der Marktgegebenheiten nicht ausschlaggebend.

Deshalb ist mit der fortschreitenden Liberalisierung des Telekommunikationsmarktes eine neuartige und schwierige Informationsaufgabe zu erfüllen. Als Grundlage sind zunächst die Ist-Daten, d.h. die Arten, Mengen und Preise von Netz-, Dienst- und Geräteleistungen zu erfassen. Schon dabei treten Schwierigkeiten hinsichtlich der Vergleichbarkeit auf, insbesondere wenn Daten aus internationalen Vergleichsmärkten herangezogen werden.

Der Regulierer ist mit einem Recht auf Erhebung statistischer Angaben auszustatten. Er hat die Klassifizierung der statistischen Meldungen vorzugeben. Bei verzögerter oder fehlerhafter Information durch die betroffenen Unternehmungen sind Sanktionen zur Durchsetzung der Informationspflicht international üblich.

Darüber hinaus werden Plan-Daten gesucht, die der Regulierer für seine zukunftsweisenden ordnungspolitischen Entscheidungen benötigt. Den Unternehmungen ist zwar nicht zuzumuten, ihre beabsichtigten Innovationen und Investitionen öffentlich bekanntzugeben. Jedoch sind im regulierten Bereich (dominant carrier, begrenzte Wegerechte, Frequenzen und Zugangsnummern) bestimmte Genehmigungsvorbehalte unvermeidlich. Die ordnungspolitische Instanz braucht Daten über die Entwicklungstendenz der Märkte, um professionell, gerecht und politisch verantwortungsvoll regulieren zu können.

Die allgemein interessierenden Rahmenbedingungen, die Entwicklung der Marktverhältnisse und die auftretenden Konflikte sind schließlich der Öffentlichkeit bekanntzugeben.

4 Wirkungen

Durch die marktöffnenden und wettbewerbsfördernden Maßnahmen des Regulierers darf mit erwünschten ordnungspolitischen Wirkungen gerechnet werden. An erster Stelle steht die Deckung und Weckung des Bedarfs. Regulierung ist nicht Selbstzweck. Sie dient auch keineswegs der Bewahrung gewachsener Strukturen. Vielmehr hat sie sich an dem Nutzen für die Nachfrager in Wirtschaft und Gesellschaft zu orientieren. Insofern bedeutet Regulierung stets auch Verbraucherschutz.

Nach den bisher vorliegenden Erfahrungen bewirkt der neue Wettbewerb in der Telekommunikation eine Beschleunigung in der Bedarfsdeckung und in der Einführung neuer Angebote. Der Markt als Entdeckungsverfahren schafft ein aufgeschlossenes Innovationsklima.

Mit zunehmender Anzahl der Wettbewerber entsteht ein Druck auf die Preise von Dienstleistungen und Teilnehmergeräten. Dadurch wiederum werden Kostensenkungen als notwendige Rationalisierungsmaßnahmen erzwungen. Der schonende Umgang mit volkswirtschaftlichen Ressourcen ist in den Jahren des staatlichen Monopols versäumt worden. Die Traditionsunternehmen leiden in aller Welt auch nach ihrer Privatisierung unter einer zu hohen Anzahl von Mitarbeitern, unter einer unzweckmäßigen beruflichen Staffelung der Belegschaft und unter einer verbesserungsbedürftigen Wirtschaftlichkeit in allen Betätigungsfeldern.

Die Qualität der Dienstleistungen wird unter Wettbewerbsbedingungen strikt auf die Ansprüche der Kunden zugeschnitten. Dies bedeutet im allgemeinen die Steigerung der Qualität (z.B. gemessen an der Verfügbarkeit von Leistungen, der Störungs- und Wartezeiten sowie der Befriedigung von Sonderansprüchen). Auf der anderen Seite werden unnötige, vom Kunden nicht erwünschte Leistungsmerkmale und die damit verbundenen Kosten beseitigt.

Insgesamt zeigt sich in den Ländern, in denen der Wettbewerb auf den Telekommunikationsmärkten seit über zehn Jahren entstanden ist, ein Beschleunigungseffekt: Mit zunehmendem Wettbewerb wurden weitere Marktsegmente erschlossen und in die Entwicklung einbezogen. Die Regulierung hat diesen Übergang vom Monopol zum vitalen Wettbewerb behutsam zu steuern und schließlich den staatlichen Einfluß ganz zurückzunehmen.

„Measuring Telecommunication Markets in the OECD Area

Sam Paltridge

Introduction

Telecommunication is increasingly being recognised as fundamental to economic and social development. The OECD's primary area of interest is the policy and regulatory frameworks that govern the provision of public telecommunication services.[1] The major focus is the economic and social implications of the different telecommunication policies found in the 25 Member countries.[2] To undertake this analysis a broad array of telecommunication performance indicators have been developed to assess policy effectiveness.[3] The corollary is that data must be gathered for the construction of these indicators.

Measuring telecommunication markets requires constant effort to update methodologies, adapt statistical tools and search for new sources of information. At the OECD research on this subject is carried in the context of the Work Programme of the OECD's Information Computer Communications Policy (ICCP) Committee and its Working Party on Telecommunications and Information Services (TISP). The flagship publication is the biennial OECD **Communications Outlook** which provides a range of performance indicators for public telecommunication services and an overview of the telecommunication sector. It analyses developments over the previous decade and highlights future trends. While market forecasts are not made in the **"Outlook"** others do so using the data provided.

The **Outlook** provides telecommunication indicators in a harmonised format using data that is the most recently available which allows comparisons between the Member countries. In the rapidly changing telecommunication sector this task is becoming more complex as an increasing number of new service suppliers enter the market. Accordingly, while every endeavour is made to aggregate data at a national level, it is

---

[1] Public telecommunication refers to the telecommunication infrastructure and services provided on this infrastructure to the public at large. The term 'public' indicates that the networks are open to the public rather than being a statement of ownership. As the term is commonly used by organisations such as the OECD and ITU it excludes telecommunication equipment manufacturing and broadcasting. For further discussion see "Telecommunication Indicator Handbook", Version 1.0, ITU, Geneva, 1995.

[2] OECD, "Communications Outlook 1995", Paris, 1995. The data and analysis in this paper are largely drawn from the "Communications Outlook" and other Secretariat documents written by the author.

[3] OECD, "Performance Indicators for Public Telecommunications Operators", Paris 1990

increasingly difficult to capture total market dimensions. To complement national figures for countries complementary data are included on individual telecommunication service suppliers with annual revenues greater than US$1 billion. This has the added advantage of allowing policy makers to compare the domestic and international performance of PTOs. Comparative national data from earlier years is provided to show tariff, investment, network and service development, as well as employment and productivity trends. The **Outlook** data, which includes over seventy time series, is made available on disc in the *STARS* format and can be easily transferred to a spreadsheet.

Telecommunication Services in the OECD Area

In 1992 there were 409 million telecommunication mainlines in the OECD representing 71 per cent of connections to the world public switched telecommunication network (PSTN). In times past virtually all these lines were connected to a telephone. Today the convergence of communication and information technology is enabling a huge variety of equipment to connected to the PSTN. For example there was estimated to be around 22 million facsimile machines in the OECD area in 1992. Together with a plethora of other types of user equipment, information technologies are changing the way networks are used to transmit, receive and manage information. At present around half of all transpacific traffic is data. In OECD countries a further 21 million users accessed the PSTN through mobile telecommunication, accounting for 90 per cent of worldwide mobile subscribers in 1992.

Telecommunication services is one of the largest and most profitable economic sectors. Public telecommunication services revenue in the OECD area reached US$395 billion in 1992. According to the International Telecommunication Union (ITU) the telecommunication service market outside the OECD area totalled US$63 billion in 1992. The global telecommunication equipment market witnessed sales of US$120 billion the same year. **Table 1** provides one perspective on the relative size of the telecommunication services sector by comparing the largest public telecommunication operators (PTOs) in the OECD area with the largest industrial companies grouped by sector. The telecommunication data was compiled by the OECD using only those PTOs that would have been large enough to qualify for the **Fortune 500**. The cut-off point for these PTOs was revenues above US$3 billion. **Table 1** also gives one perspective on the size telecommunication services relative to several other service sectors, using a cut-off point of US$1 billion in revenue.

In 1992 compared to other industrial and service corporations, PTOs in the OECD area continued their record of strong financial performance. At a time when large industrial and service corporations faced a general economic slow down and, in some cases, major restructuring to meet the challenge of increasingly competitive global markets, the telecommunication sector has thrived. For example the largest 25 PTOs in the OECD area were more profitable than the largest 100 commercial banks in the world. Capital markets have recognised the financial strength of the telecommunication sector in an increasing number of privatisations in Australia, Canada, Denmark, Japan, the Netherlands, New Zealand, the UK. At the same time finance has been readily available for new service providers in liberalised markets. Corporations such as Optus in Australia; Unitel in Canada; Clear Communications in New Zealand; DDI, Japan Telecom, Teleway Japan, International Telecom Japan and International Digital Communication in Japan; Tele-2 in Sweden; Mercury and Vodafone in the UK; MCI, Sprint, McCaw in the US have become household names in their respective countries. These corporations have not only added to the value of the global telecommunication system they have assisted to create an environment in which these networks are used more efficiently.

While impressive the book value of the assets of the world's largest PTOs, valued at US$717 billion almost certainly does not capture the global telecommunication network's full value in terms of economic and social utility. In 1992 PTOs in the OECD area invested nearly US$103 billion to upgrade and expand their public networks. This investment represented the equivalent of US$124 for every person in the OECD area. At the same time users spent the equivalent of US$414 per capita on domestic public telecommunication services and a further US$42 on international services.

The average contribution of public telecommunication services to GDP in the OECD area was 2.1 per cent in 1992. This compared to 2 per cent in 1982. Public telecommunication service revenues as a per cent of GDP is also subject to some caveats. In most instances these data exclude revenue from telecommunication services provided by entities other than PTOs. In the case of Japan the revenues of Type II carriers are not included. Moreover as the price of some telecommunication services declines, network utilisation increases and as an increasing amount of telecommunication activities occur outside the traditional monopoly sector, measuring telecommunication service revenues against GDP may significantly understate the increasing contribution that telecommunication is making to the economies in the OECD area.

Use of the PSTN continues to provide the core of PTO revenues. This includes revenue from call, subscription (rental) and connection (installation) charges **(Table 2)**. The balance between these revenues is primarily dependent on the balance between fixed and usage charges. For instance, New Zealand the Member country with the highest percentage of revenues from fixed charges (subscription/connection) has free local calls for residential users but relatively high fixed charges. A breakdown of fixed charges between subscription and connection would show line rental providing the majority of fixed revenue for virtually all Member countries. There are a few exceptions including Finland, because of its unique system of co-operative local PTOs, and Turkey, because of its rapidly expanding subscriber base and relatively low subscription fee.

Mobile telecommunication has proven to be a dynamic source of growth for PTOs over recent years **(Table 3)**. In 1992 the two largest mobile telecommunication service suppliers, Vodafone in the UK and McCaw in the US, had been providing service for less than decade. Both have annual revenues well in excess of US$1 billion. For more established PTOs mobile telecommunication is making an increasing contribution to overall revenues. Member countries with the leading mobile telecommunication penetration rates, such as Finland, Sweden and Norway, have among the highest contributions to total revenue from mobile services. Japan also has a large relative contribution from mobile telecommunication to total revenue but it is higher than might be ex-

104

pected its penetration rate. One reason for this is that until 1 April 1994, mobile terminals had to be rented from PTOs, whereas in other Member countries they could be purchased by customers. As such rental revenue shows in the accounts of the Japanese PTOs rather than simply sales by equipment vendors.

While mobile revenues are growing very quickly average income per mobile subscriber is tending to fall in the majority of Member countries. There are two main reasons for this shift. One is due to the changing market for mobile telecommunication as more users outside the world of business employ mobile services. Another factor, in some countries, is the increasingly competitive market for mobile services as operators begin to compete on price. This trend may be expected to continue as service becomes more widespread and competition increases.

It is difficult to measure the size of international telecommunication revenues because of the adoption of different accounting practices in relation to payments to foreign PTOs. Leaving aside the caveat of potential double counting, the international telecommunication revenue of PTOs in the OECD area was nearly US$36 billion in 1992 **(Table 4)**. This represented 9.1 per cent of total public telecommunication revenue and a weighted average of US$88 per mainline. Competition and regulation are having an impact on the growth of international revenues of some carriers by driving down prices in several Member countries. For instance, BT, KDD and TCNZ reported lower international revenues for 1992 than 1990. This does not mean that the overall market has stopped growing or that the profitability of these services has waned. Demand to international calls, stimulated by price reductions, continues to grow in New Zealand, Japan and the UK. However new service suppliers had captured 15 per cent market share in New Zealand, 26 per cent market share in Japan and 24 per cent market share in the UK by 1992. Thus a combination of lower prices and declining market share has impacted on revenue growth of some incumbent PTOs. On the other hand the increased size of the market and the rapidly declining cost of providing international services, means it continues to be amongst the most profitable sectors of telecommunication.

The major influence on the growth of international traffic in some Member countries over the past decade has probably been the expansion of subscriber connections. In other words if the number of connections has rapidly increased it has stimulated call growth. Turkey and Portugal, the two Member countries with the lowest penetration rates in 1990, experienced the highest growth in mainlines between from 1983 and 1992. Accordingly both countries recorded amongst the highest annual growth of outgoing minutes in the OECD area.

The influence of network growth means that a simple comparison of traffic growth may understate the benefits of competition in call stimulation in those countries that have introduced facilities competition. To make an allowance for network growth, the amount of outgoing minutes for Member countries was weighted by telecommunication mainlines on an annual basis between 1983-1992. The results indicate that network growth played a significant part in the overall traffic growth of countries such as Turkey and Portugal. As such their annual growth per mainline was much lower than a simple annual growth rate. In the case of Turkey the tremendous growth in mainlines meant that average traffic per mainline actually decreased between 1983-1992. On the other hand those countries which are leading the drive toward liberalisation of service provision such as Australia, New Zealand, Japan and the United States were able to maintain growth rates significantly above the OECD average. While these countries did not have competitive markets over the full period under review, it is generally true to say that movement toward liberalisation was initiated prior to full facilities competition. Hence the decision for competition, announced in advance of its introduction, may have prompted incumbent firms to anticipate competitive developments.

PTO Revenue and Cost Trends

Between 1987 and 1992 the public telecommunication services market grew by 3.3 per cent per annum. This was lower than between 1982 and 1987 when the market grew by 7.2 per annum. One reason for this slow down is that the expansion of telecommunication networks, based on growth in mainlines, was higher between 1982-1987 than 1987-1992. It may also have been influenced by the relative economic conditions during these two periods. Significantly telecommunication out-performed the rest of the economy in terms of growth throughout this time. While revenue growth slowed increased efficiency in meeting demand confirmed the telecommunication industry's place as one of the most profitable sectors of economic activity. In 1992 the operating income of PTOs in the OECD area, before tax, amounted to more than US$55 billion.

It is useful to examine some trends in the largest 20 PTOs, measured by revenue, in the OECD area **(Table 5)**. Collectively these PTOs have more than 75 per cent of the market for telecommunication services. In 1992 they provided service to 342 million mainlines which represented 83 per cent of all mainlines in the OECD area. The total assets of these PTOs was US$601 billion in 1992. They operate in a mix of competitive and monopoly markets and because of their size there is a close relationship between trends in the largest 20 PTOs and the OECD average. Using 1988 as a base year **Table 5** shows the following:

- **Revenue** per mainline is falling but **operating expenditure** per mainline has been reduced at a comparable rate.
- **Network cost,** to the extent it is represented by assets per mainline, is falling.
- **Capital intensity** as measured by revenue over assets is constant.
- **Capital substitution** as indicated by assets per employee is increasing.
- **Productivity** as indicated by mainlines per employee is increasing.
- **Employment,** or more particularly direct employment, is decreasing.

Why is revenue per mainline falling in real terms if demand for services is increasing? There are several reasons including the fact that competition is driving down prices, technological advances are enabling large efficiency gains, and 'second residential lines' may not generate the same amount of traffic as the initial connections. At the same time competition in the largest telecommunication market, the plain ordinary telephone service (including the provision of alternative access paths—fixed and wireless), is still largely in its infancy. Competition for local service, to residential and small business customers, is just beginning to take off where regulatory barriers have been lifted to give customers a choice of service supplier. Accordingly the impact competition has had in stimulating growth in services, such as long distance, international and mobile telecommunication, has yet to be felt in the largest telecommunication market.

Declining revenue per mainline, while not a uniform trend, means that PTOs are under pressure to reduce costs. Rapidly advancing technology is enabling a reduction in labour costs and the amount capital stock per mainline. The latter point is particularly interesting in terms of the historical position of the telecommunication sector relative to other industries. It is often noted that telecommunication is a capital intensive industry. In 1992 for every US$1 of assets, the largest 20 PTOs generated around US$0.50 in revenue. This relationship held constant between 1988 and 1992. This compares, for example, to the petroleum refining industry, where every US$1 of assets held by the largest corporations, US$1 of revenues was generated in 1992. However, as the emphasis shifts from network expansion to network upgrading the amount of capital embodied in assets per mainline is declining. This is because the cost of upgrading mainlines is lower than new mainlines, and that the number of new mainlines is being reduced relative to the size of the total network.

Between 1988 and 1992, despite rising demand, revenue per mainline decreased significantly in real terms. The index for revenue per mainline declined from 100 in 1988 to 89 in 1992. However PTOs in the OECD sustained robust profitability over this period, and out-performed most other sectors, because operating expenditure per mainline was reduced at about the same pace. Between 1988 and 1992 the index of operating expenditure per mainline declined from 100 to 89. One of the major ways cost reductions were implemented by PTOs was by reducing direct employment. This enabled a reduction in the total bill for wages and salaries, expressed as an index, from 100 in 1988 to 90 in 1992 **(Table 6)**. On a per mainline basis wages and salaries were reduced in real terms from 100 to 84 between 1988 and 1992. However the average wages and salaries per employee increased in real terms from 100 in 1988 to 111 in 1992. In other words those employees who retained their jobs, and those employees who were hired over this period, were on average paid much more in real terms.

Notably wage and salary costs in PTOs are falling faster than total operating costs suggesting a substitution of capital for labour. The enabling technology underlying this trend is the digitalisation of the network. The upgrading of telecommunication networks through digitalisation is allowing PTOs to cut costs in virtually all areas of their business. Some leading examples are Telecom New Zealand, France Telecom, and the US based carrier GTE. In the 10 PTOs in **Table 7** there is a clear tendency for those carriers with the most advanced digitalisation to have made the greatest relative reductions in operating expense.

Carriers such as GTE and France Telecom that had relatively advanced digitalisation programs by 1988 made the largest relative gains in lowering costs per mainline. Carriers such as BT, NTT and Telecom New Zealand who were subject to competition during this period made the largest leap in terms of digitalisation and recorded most benefit in terms of cost reductions toward the end of this period. Between 1990 and 1992 BT undertook five digital upgrades for every one new customer connection. The cost of faster digitalisation may have increased operating expenditure per mainline during the initial years for companies such as BT and NTT. The increasing costs for Telefonica relate to a large investment program timed to coincide with the Barcelona Olympics and Seville Expo and it would be expected that this would reduce in future years. It may also be relevant that SIP and Telefonica have relatively low telephone penetration rates. The case of Telmex, with around 8 mainlines per 100 people in 1992, is somewhat the reverse of other PTOs in the OECD area. Following the privatisation of Telmex the first task was to modernise core facilities so that expansion could be built on an efficient network. Interestingly the Telmex trend for expenditure per mainline after 1990 has been downward reflecting the impact of digitalisation.

Those PTOs that had a 'fast track' digitalisation between 1988 and 1992 such as BT, NTT, Telecom New Zealand and Telmex were leaders in increasing their mainline per employee ratios. GTE with a relatively advanced digitalisation program over the entire period also boosted its mainline per employee ratio significantly. Experience of employment trends in OECD countries with very advanced rates of digitalisation is limited. Telecom New Zealand's restructuring has been little short of momentous. Staff levels in TCNZ have been reduced from 23 900 in March 1988 to 9 257 in March 1994. TCNZ projects it will have a total workforce of 7 500 employees by March 1997, of whom 6 500 will be core operations personnel. TCNZ reports the further downsizing will be largely driven by the upgrading of its information and operating systems. This raises the question of what will be the experience in other Member countries once they have reached New Zealand's level of digitalisation. Here it should be noted that the very large productivity improvement in Telecom New Zealand has been in itself a 'catch up' exercise with several OECD benchmarks of operating efficiency. By March 1994 the huge gains in mainlines per employee has brought TCNZ on a par with the average for the OECD area in 1992.

It is too early to foresee what the final impact of advance digitalisation rates will have on PTO employment. Most of the available evidence points toward a continuation of downsizing in traditional areas of telecommunication network construction and operation. The OECD average for mainlines per employee, as TCNZ recognises, is not best practice. In 1992 PTT Netherlands, after Luxembourg, had the highest mainline per employee ratio in the OECD area (238 mainlines per employee). In November 1994, PTT Netherlands announced 3 000 jobs, nearly 10 per cent of telecommunication staff, would be cut in an effort to boost productivity. It was reported the reductions would be concentrated in telecommunication maintenance where fewer people were required to maintain a digital network. PTT Netherlands had a digitalisation rate of 93 per cent at the end of 1993. PTT's goal is to increase mainlines per employee by 15 to 20 per cent by 1997. The company had previously announced a target of reducing wage costs by 10 per cent. In short best practice performance is going to continue rising over the next several years placing the greatest pressure on those PTOs with low productivity.

PTOs need to reap the benefits of digitalisation in terms of cost reduction to maintain the current ratio between costs and revenue. With revenue per mainline falling, in real terms, those PTOs that do not reduce costs will not be in a position to pass on benefits to the wider economy. In terms of sectoral employment those PTOs that are not encouraged by competition to promote innovation and introduce new services, that the added functionality digitalisation can facilitate, will not be creating new jobs to offset losses.

108

Interpreting Measured Markets

In 1992, on a per capita basis the average expenditure on telecommunication services in the OECD area was US$458 **(Table 8)**. Switzerland led the way with an average expenditure of US$838 for per person, followed by Sweden, Luxembourg and the United States. However, in figures adjusted for purchasing power parity (PPP) the US maintained its traditional role as the Member country whose citizens spend the greatest amount per capita on telecommunication services. This lead is confirmed in revenue per mainline, based on PPPs, where the US exceeded the average for the OECD area by US$264. Revenue per mainline was greater than US$1 000 in eight Member countries and was less than US$ 500 in two Member countries. Adjusted for purchasing power parities four Member countries, Australia, Ireland, New Zealand and the US, exceeded revenue of US$1 000 per mainline.

There could be several reason for the large differences in revenue per capita or per mainline between Member countries. **First**, and most significant, is the relative utilisation of the telephone. Use of the telephone varies a great deal throughout the OECD area with a tendency for those countries with high calling rates to generate more revenue per mainline. Possible reasons for different patterns of telephone use include the telephone penetration rate (existing and historical), geographical (distance, climate, population density factors), the amount of advertising expenditure, the reliability of the system in terms of call completion, the penetration of particular types of customer premise equipment (answering machines, facsimile machines etc.), and the use of 800 numbers by the business sector. In fact use of telecommunication by business is probably one of the main factors contributing to difference with Australia and the US having the highest business telephone penetration in their work force in the OECD area and among the highest revenues.

Second, the pricing of telecommunication may influence revenue per mainline ratios. For example PTOs charging higher prices where there is inelastic demand may increase revenue per mainline. Alternatively, with higher elasticities, lower prices may stimulate demand. Different tariff structures in the OECD area, in terms of the balance between fixed and usage charges, may influence the relative use of the telephone in terms of call patterns (e.g. free local calls and higher subscription charges in some parts of North America) but their impact of revenue per mainline is less clear. Iceland, the Member country with the least expensive basket of telephone services, for business and residential users, has a relatively low revenue per mainline ratio.

Third the relative development of value added and advanced services can be expected to contribute to different revenue ratios. For instance those countries with a higher penetration of mobile communications, would be receiving a larger contribution to general revenues than those with a less developed mobile market. **Fourth**, on a related point, the definition of mainlines excludes the number of mobile telephones. Hence the number of telecommunication access paths to the network is greater in those countries with a high mobile telephone penetration rate than is accorded to them by simply dividing total revenue by the number of mainlines. **Fifth**, balance of revenue contributed by international services appears to be a factor in some revenue ratios. Countries such as Austria, Ireland and Switzerland generate among the highest amounts of international traffic per mainline in the OECD area. In these three countries international revenues contribute more than 20 per cent of their total telecommunication revenues.

Sixth, the different accounting practices adopted throughout the OECD area can be expected to influence revenue ratios. For instance, in terms of international revenue, some PTOs net out the revenue paid to foreign operators while other incorporate this in equal amounts as income and expense. Similar instances arise at a national level in terms of access payments between operators and their treatment in accounts. At the same time where PTOs adopt new accounting practices in respect to revenue collected on behalf of other operators this can impact on long term growth rates (i.e. past accounts may only updated for several years with the new methodology).

Seventh, the role of exchange rates plays a significant role in most financial comparisons throughout the OECD are. It clearly plays a role in terms of revenue per mainline ratios. For example the strength of currencies in countries such as Germany, Japan and Switzerland against the US dollar seems to have boosted their revenue per mainline ratios when analysed against the purchasing power parities of these countries in domestic markets. By way of contrast Australia, New Zealand, Greece, Turkey, Portugal generate greater revenue in terms of PPPs than straight US exchange rate comparisons. With a few notable exceptions, such as the US, use of revenue per mainline in PPPs tends to bring performance ratios closer together.

Defining and documenting telecommunication services markets

In times past it was relatively easy to define discrete telecommunication markets. For varying purposes revenue could be aggregated under categories based on technologies (or networks), geography and users. This is no longer a simple task. Sometimes this is because of technological changes being brought about by the convergence of telecommunication and information technology. For instance delineating the capabilities of fixed networks and mobile networks is becoming harder as personal communication services combine the characteristics of cordless and cellular telephones. In some parts of the OECD area PTOs are seeking to upgrade their networks to provide video services while cable television companies are beginning to provide telecommunication services. Accordingly it is becoming increasingly difficult to measure services through technological distinctions.

All sorts of actors view their own networks and services, whether fixed telecommunication networks, mobile telecommunication networks, satellites, cable television networks, information technology and software as potential launching pads into each others markets. An example may be 'mobile' telecommunication service that charges rates at or below the fixed network at a designated location (e.g. home or office) but the normal premium rates at other locations.

At the same time geographical demarcations at the local, national or international level, are under mounting pressure because network costs are becoming less sensitive to distance and customers are seeking seamless service provision. The rapid development of international call back services, which compete by arbitraging calls and offering enhanced services (such as itemised billing) is making international telecommunication markets less discrete. The development of calling cards which can reverse the direction of traffic for accounting purposes is having the same impact. The potential for voice services to be offered over Internet may further complicate measuring the international market. The increasing tendency for PTOs to operate offshore will also present a challenges for presenting statistics on national markets. In the **Outlook**, the OECD has now adopted the practice of presenting data on a national and an operator basis to respond to this development.

Another approach is to define telecommunication markets by types of users. This is useful for policy makers because it allows tools to be crafted to analyse how particular types of users are faring under new market structures. For example in the OECD's work on tariff comparisons there are baskets of services for 'average' business and residential users. In the past many PTOs have had separate charges for business and residential users. The penetration of business telecommunication mainlines per 100 employees in the OECD area grew from 15 to 27 between 1982 and 1992. This rise occurred even though there was increased use made of private branch exchanges and multiplexing. However the distinction between business and residential lines will increasingly blur as more 'home workers' take advantage of the digitalisation of local access networks.

Between 1988 and 1993 the number of people working at home in the US grew to 15 million.[4] Home workers, defined as people who bring work home from the office, comprise some 31 per cent of the US workforce. The most rapidly growing segment are telecommuters who work at home during 'office hours'. The number of tele-commuters in the US was 6.6 million in 1992, an increase of 20 per cent over 1991, which in turn grew by 40 per cent over 1990.[5] One study has projected this number will increase to 10 million by 1995.[6] Accordingly this group has been increasingly identified as a distinct market for PTOs and value added service providers. In the US home workers spent US$12.3 billion for telecommunication products and services in 1992, which was up 21 per cent on 1991, and US$12.7 billion for work related tele-phone calls and on-line services, an increase of 10 per cent over 1991.[7]

Finally a comment on data reporting requirements in the rapidly changing tele-communication sector. Some contend that the shift to more competitive markets is responsible for the increasingly selective reporting of data by PTOs. In the OECD's experience this trend can be observed in monopoly and competitive markets. PTOs in some of the most competitive markets, for example North America, are sometimes most at ease in providing information. This may be a result of a long standing requi-rement imposed on the private sector, either in association with rate of return style regulation or the needs of investors. At the same time it is perhaps not surprising given the nature of markets. Markets need information to function efficiently. This allows producers and consumers to make informed choices. It is also necessary for regulators to efficiently meet policy goals and for policy makers to better understand and impro-ve the market structures in which PTOs operate. Both PTOs and consumers look to regulators and policy makers to perform these functions as efficiently and judiciously

---

[4] "Economic Impact of Eliminating the Line of business restrictions on the Bell Companies", The WEFA Group, Bala Cynwyd Pennsylvania, July 1993.p 42

[5] Ibid.

[6] Ibid.

[7] Ibid. p 43

as possible. Reporting of quality of service statistics is one example because where competition has not sufficiently developed to dispense with price regulation, there is a danger that service quality may be lowered in lieu of tariff increases.

Unfortunately in some newly competitive markets, PTOs seem hesitant to take a pro-active stance in publishing basic information on the telecommunication sector. In part they may fear it has inherent strategic value for competitors but perhaps they have not given due weight to the benefits of an informed market place and public policy process. In the transition to competitive markets, policy makers need to give very careful consideration to those data necessary for regulation to work efficiently, and recognise that these needs may change over time.

Table 1. Telecommunication Services compared to Fortunes Magazine's Largest Industrial and Service Companies, 1992, US$ billion

Sector	Number of Companies	Sales	Profit/ Loss (After tax)	Assets	Em ployees (m)	Sales/ Assets (per cent)
Industrial:						
Motor Vehicles and Parts	44	940	(24.4)	1005	3.91	93.5
Petroleum Refining	44	902	18.5	907	1.49	99.4
Electronics, Electrical	46	736	12.0	932	4.27	78.9
Food	51	438	16.0	319	2.21	137.3
Chemicals	45	405	1.2	455	1.77	89.0
Telecommunication Services (1)	25	364	37.0	679	2.00	53.6
Metals	32	343	-5.9	332	1.82	103.3
Computers and Office Equipment	17	233	-6.9	269	1.22	86.6
Industrial and Farm Equipment	27	218	-2.5	257	1.19	84.8
Aerospace	16	169	-3.1	147	1.06	114.9
Pharmaceuticals	25	160	19.7	181	0.83	88.3
Forest and Paper Products	25	140	-0.3	187	0.66	74.8
Service Sector:						
Retail	50	750	8.4	379	na	197.8
Diversified Financial	50	547	13.6	3360	na	16.2
Telecommunication Services (2)	39	390	39.0	717	2.2	54.3
Transport	50	377	-6.8	601	na	62.7
Commercial Banking	100	na	36.8	16282	na	na

1. Note: (1) Data compiled for largest 25 PTOs with revenues greater than US$3 billion, using **Fortune 500** cut off point; and. (2) Data compiled from 39 PTOs in the OECD area with revenues greater than US$1 billion, using **Fortune** `Service Sector' cut off point
Source: Fortune Magazine, OECD "Communications Outlook 1995"

112

Table 2. Major Sectors of PTO revenue

	1982	1992
Total Revenue US$b	159.6	394.6
Call Revenue	58.6	54.1
Rental/Connection	26.0	20.1
Telex/Telegram	4.4	1.0
Other	11.1	24.8

Source: OECD "1995 Communications Outlook"

Table 3. Growth areas in PTO revenue: mobile revenue as per cent of total telecommunication revenue

	1990 (per cent)	1991 (per cent)	1992 (per cent)	1992 US$
Austria	2.26	3.31	4.52	147.8
Belgium	2.37	2.40	3.13	100.6
Canada	5.52	na	6.71	923.2
Denmark	na	na	5.44	140.4
Finland	9.47	14.95	14.37	282.8
France	2.80	1.86	3.18	736.6
Germany	2.20	2.22	4.09	1412.3
Iceland	na	8.46	9.22	9.5
Japan	6.08	6.85	9.54	5205.2
Luxembourg	1.69	na	1.80	4.0
Netherlands	na	3.31	5.16	307.7
New Zealand	2.46	4.02	4.79	63.6
Norway	8.47	8.35	9.61	234.4
Portugal	na	na	3.81	78.5
Spain	0.98	1.18	2.18	253.8
Sweden	13.62	13.31	13.55	818.7
Switzerland	na	na	3.16	182.6
Turkey	1.81	1.35	1.34	33.4
United Kingdom	6.88	7.08	7.85	2080.5
United States	3.13	3.56	4.87	7809.0

1. Data for Canada is BCE Mobile and Cantel. Data unavailable for Australia, Ireland and Italy. Greece commenced cellular service in 1993. Mexico joined the OECD in 1994.

Source: OECD "Communications Outlook 1995"

Table 4. Growth areas of telecommunication revenue: international telecommunication revenue

	International Revenue (US$m)	As per cent of total revenue	Per mainline (US$)	MiTT CAGR 1983-92	CAGR MiTT per mainline
Australia	1273	13.7	149	19.6	14.84
Austria	740	22.6	213	12.34	8.56
Belgium	669	20.8	157	12.05	7.12
Canada	261	2.2	16	19.19	13.51
Denmark	580	22.5	193	10.55	7.84
Finland	203	10.3	74	10.96	7.26
France	3495	15.1	116	10.51	6.15
Germany	5123	14.8	145	11.82	6.87
Greece	345	21.8	77	10.60	4.57
Iceland	na	na	na	16.24	11.20
Ireland	282	20.4	253	32.15	24.03
Italy	1232	6.1	52	14.05	8.87
Japan	2433	4.5	42	26.01	21.79
Luxembourg	105	45.4	509	33.19	7.00
Netherlands	1538	25.8	208	9.84	6.21
New Zealand	290	21.8	191	19.50	16.40
Norway	523	21.4	231	11.29	6.71
Portugal	285	13.8	95	19.96	9.91
Spain	1318	11.3	96	17.85	11.61
Sweden	954	15.8	161	10.32	8.31
Switzerland	1588	27.4	380	10.76	7.11
Turkey	158	6.4	17	20.96	-0.24
United Kingdom	3998	15.1	153	12.22	8.63
United States	8720	5.4	61	18.69	15.35
OECD	35910	9.1	88	13.62	9.40

1. Note: Canada is Teleglobe's intercontinental revenue only (excludes Canada/US revenue) Also it is net of payments to other Canadian carriers. Teleglobe's total revenue, including payments to other carriers, was US$900 million. For Finland data is for Telecom Finland. For Italy data s for Iritel and Italcable. OECD average is a weighted rather than a simple average. MiTT data for Ireland includes traffic to the UK in 1992. As available data for 1983 does not include UK traffic Ireland's CAGR is higher than it would otherwise have been. Using consistent data from 1985-1991 produces a CAGR of 19.95 per cent and CAGR per mainline of 12.23 per cent.

Source: OECD "Communications Outlook 1995"

114

Table 5. Asset and Employment Trends in the Largest 20 PTOs in the OECD

	1988	1989	1990	1991	1992
Mainlines	100	104	108	112	116
Assets per mainline	100	98	95	91	89
Employees	100	99	98	95	92
Assets per employee	100	103	104	111	113
Mainlines per employee	100	105	110	117	126
Revenue/Assets	100	100	99	100	101
Revenue per employee	100	103	104	107	112
Revenue per mainline	100	98	94	92	89
Operating expenditure per mainline	100	99	96	94	89

1. Largest 20 PTOs by revenue.
Source: OECD

Table 6. Wage and Salary Trends in Selected PTOs in the OECD

	1988	1990	1991	1992
Wages and salaries	100	100	99	95
Wages and salaries per employee	100	103	108	111
Wages and salaries per mainline	100	92	91	84
Wages and salaries/Operating cost	100	97	93	90

1. Index for 14 of the largest 20 PTOs by revenue including an aggregated average for the 7
    RBOCs. Data for 1989 excludes RBOC average and is therefor not consistent.
Source: OECD

Table 7. Digitalisation and Expenditure per mainline for 10 PTOs

	1988	1989	1990	1991	1992
Telecom NZ Digitalisation (%)	30	50	72	92	95
Operating Expenditure per mainline (index)	100	96	94	93	83
Mainlines per Employee (index)	100	115	127	142	160
France Telecom Digitalisation (%)	60	65	70	79	83
Operating Expenditure per mainline (index)	100	97	96	80	77
Mainlines per Employee (index)	100	106	111	131	120
GTE Digitalisation (%)	66	77	74	77	82
Operating Expenditure per mainline (index)	100	99	90	78	71
Mainlines per Employee (index)	100	107	113	135	148
Nynex Digitalisation (%)	38	49	55	61	67
Operating Expenditure per mainline (index)	100	104	97	90	87
Mainlines per Employee (index)	100	103	107	121	126
BT Digitalisation (%)	23	38	47	55	64
Operating Expenditure per mainline (index)	100	103	94	90	87
Mainlines per Employee (index)	100	104	115	125	157
Bell South Digitalisation (%)	38	44	51	57	61
Operating Expenditure per mainline (index)	100	96	91	87	82
Mainlines per Employee (index)	100	102	105	115	118
NTT Digitalisation (%)	20	28	39	49	60
Operating Expenditure per mainline (index)	100	97	96	94	91
Mainlines per Employee (index)	100	108	116	123	134
Telmex Digitalisation (%)	18	24	31	41	52
Operating Expenditure per mainline (index)	100	102	122	111	106
Mainlines per Employee (index)	100	112	122	139	157
SIP Digitalisation (%)	17	25	33	40	49
Operating Expenditure per mainline (index)	100	101	99	104	103
Mainlines per Employee (index)	100	102	105	106	109
Telefonica Digitalisation (%)	11	20	28	34	36
Operating Expenditure per mainline (index)	100	101	104	111	113
Mainlines per Employee (index)	100	108	114	114	113
Average Digitalisation (%)	32	41	50	59	65
Operating Expenditure per mainline (index)	100	100	98	94	89
Mainlines per Employee (index)	100	107	113	123	134

1. Note: Digitalisation is the per cent of mainlines connected to digital exchanges. Operating Expenditure per mainline is represented as an index with 1988=100. Calculation carried out using 1990 US$ in ppp. Average is a simple average

Source: OECD, "Restructuring in Public Telecommunication Operator Employment", (Forthcoming in ICCP series)

Table 8. Public telecommunication revenue ratios

	Per Mainline		Per Capita	
	1992 (US$)	1992 (US$ppp)	1992(US$)	1992(US$ppp)
Australia	1088	1106	530	539
Austria	942	719	414	316
Belgium	754	619	321	263
Canada	847	807	502	478
Denmark	860	567	499	329
Finland	718	516	390	281
France	770	623	404	327
Germany	976	716	429	314
Greece	352	369	154	161
Iceland	736	494	396	266
Ireland	1243	1091	390	342
Italy	852	706	350	290
Japan	947	631	439	293
Luxembourg	1122	906	681	550
Netherlands	807	648	393	315
New Zealand	877	1039	390	462
Norway	1076	722	569	382
Portugal	684	775	209	237
Spain	854	753	342	305
Sweden	1021	607	696	414
Switzerland	1383	868	838	526
Turkey	263	504	42	81
United Kingdom	1012	886	458	401
United States	1114	1114	629	629
OECD	965	850	458	403

1. OECD average is a weighted rather than a simple average

Source: OECD "1995 Communications Outlook"

"Measuring Telecommunication Markets in the OECD Area"

Munchner Kreis, 2 March 1995
European Patent Office

Sam Paltridge

Questions to be Addressed....

- How does the OECD define telecommunication service markets?
- Which data does the OECD collect on telecommunication markets?
- What are the shortcomings of official statistics in regard to telecomms?
- Does the OECD undertake forecasting?

Why?...Comparative policy analysis

- After increased liberalisation in Australia, Japan and the UK the number of new mobile customers per month quadrupled.
- The number of jobs in mobile sector of these three countries doubled.

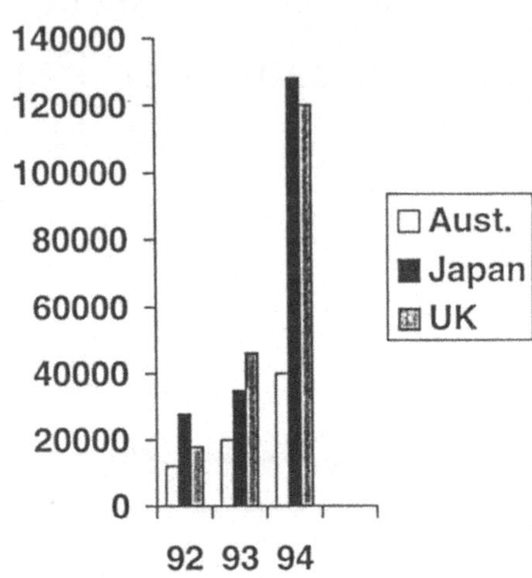

Who undertakes the work?

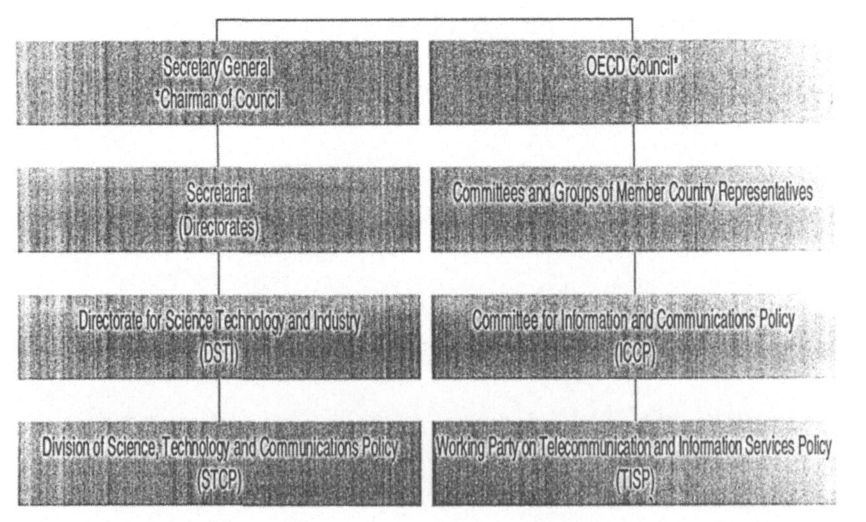

How is work organised?

- Biennial work program
- Past projects
  - » Universal Service, Satellite Communication Spectrum Allocation, Price Caps, Resale, Infrastructure Competition, Employment, Convergence, Accounting Rates, Numbering.
- Current projects
  - » Mobile Communication, Interconnection, Information Reporting.

Organisation of Work (cont..)

- Ongoing projects
  - » Biennial "Communications Outlook"
  - » 1995 Comms Outlook published 24th Feb.
- Ongoing Tasks
  - » Telecommunication performance indicators
  - » Tariff comparisons

Data Collection

- Biennial "Outlook" questionnaire
  - » Delegations
- Annual tariff questionnaire (January 1st)
  - » Operators
- Ad-hoc project driven questionnaires
- Data exchange (accounting rates)

National sources of information

- Annual reports, company fact books & statistical supplements
- Company filings
  - » Financial Regulators (SEC)
  - » Regulators (FCC, CRTC)
  - » Bulletin boards, (FCC, EDGAR)
- Official publications (Denmark, Finland, UK)
- Industry associations (USTA, CTIA)

International sources
of information

- Other International Organisations: ITU, Eurostat, etc.
- ITU
  - » "ITU Yearbook" since 1972
  - » Since 1990 BDT regional indicators series
  - » "World Telecommunication Development Report" since 1994
- ITU-Tele-geography

International sources of
information

- Eurostat
  - » "Communication Services" since 1993.
  - » National statistical agencies
  - » **CO**mmunication and **IN**formation **Statistics (COINS)**
- UNESCO
- World Bank

Other sources of comparative data

- "AT&T Yearbook"
- Equipment Companies (Siemens, Nortel)
- Government Agencies (e.g. US Department of Commerce on Submarine Cables)
- Consulting Companies
  - » Variable quality; problem with definitions.

Defining the telecommunication market

- How does the OECD define the Telecommunication Market?
  - » Public telecommunication networks and services
  - » Minimal data on private networks or value added services
- "Performance Indicators for Public Telecommunications Operators", ICCP #22, Paris 1990

What data does the OECD collect?

- Services market
- Network dimensions & development
- Telecommunication tariffs
- Quality of service
- Employment and productivity
- Trade in telecommunication equipment

Services Market in OECD

- PTO revenue
- Revenue by market
- Performance Indicators:
  - » GDP
  - » per mainline
  - » per subscriber

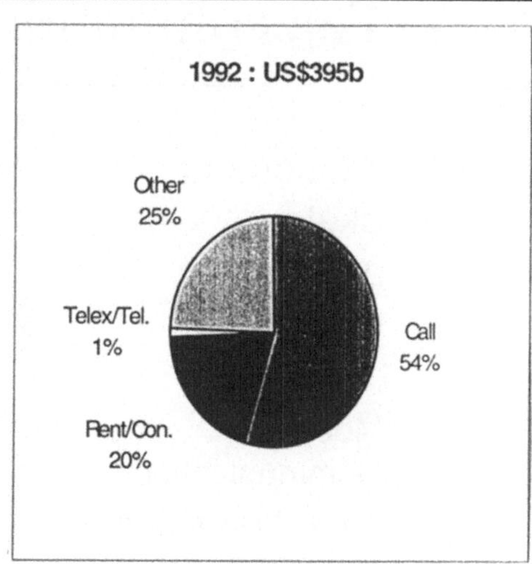

Network Dimensions & Development

- Network size
- Coverage
- Modernization
  » digitalisation
  » firbre deployment
- Investment
- Service Growth
- New service deployment

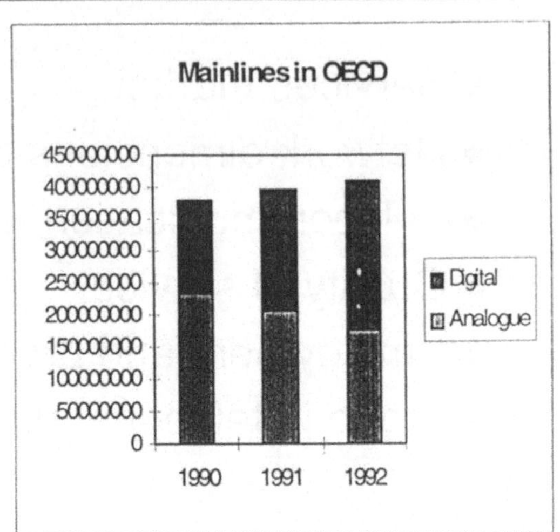

Telecommunication Tariffs

- Tariff Comparison Baskets
  » Business
  » Residential
  » International
  » Mobile Communication
  » Packet Switched Data
  » Leased Line

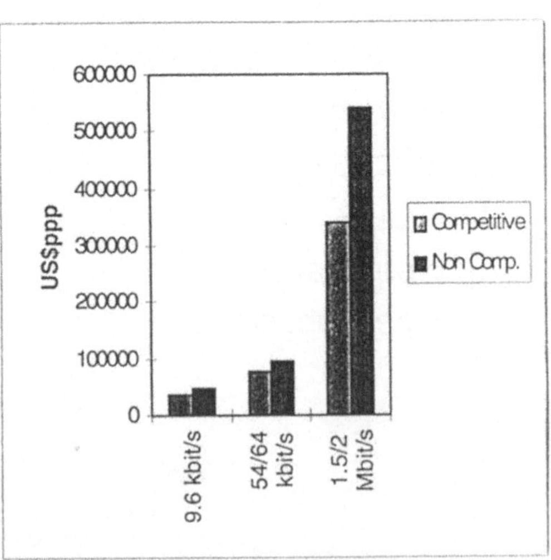

Tariff Data Collected

- Data Collected
  - » Connection Charge
  - » Rental
  - » Call Charges
    - Distance
    - Time of day/week
- Assumptions
  - » Usage patterns

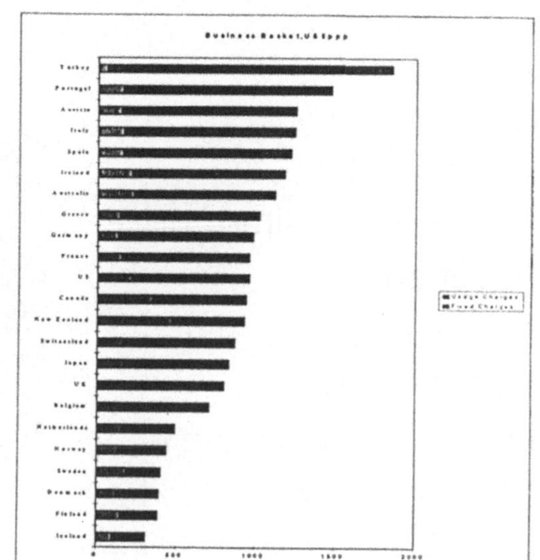

Tariff Time Series

- Business & Residential series
  - » Total Charges
  - » Usage Charges
  - » Fixed Charges

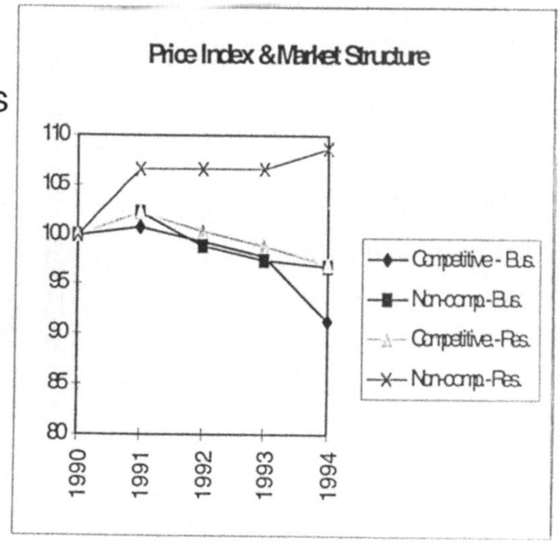

Quality of Service

- Waiting time
- Outstanding Connections
- Faults/Repair time
- Payphones
- Customers with Itemised bills
- Directory assistance
- IDD completion

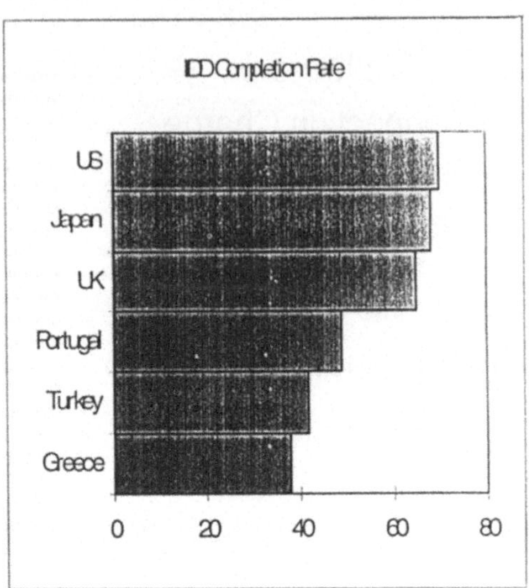

Employment and Productivity

- Employees
- Distribution
  - » job category
  - » new services
- Wages and salaries

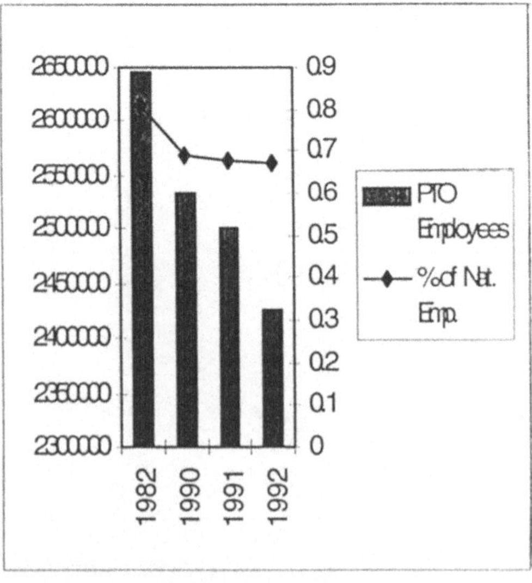

Trade in Equipment

- National trade statistics
- OECD NEXT database, SITC Rev.3

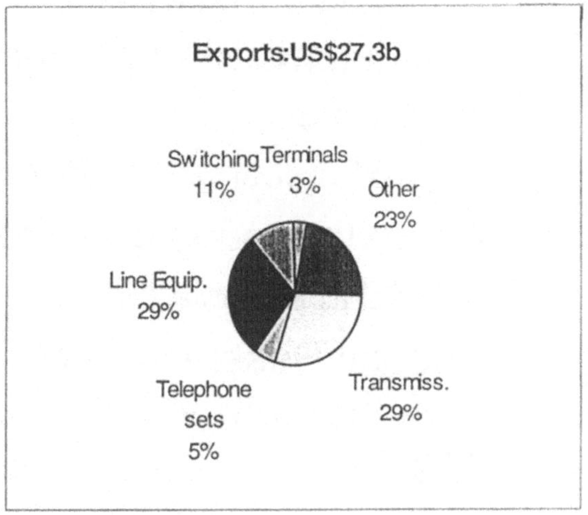

Dissemination

- ICCP and TISP twice yearly meetings
- "Communications Outlook"
- Outlook data on diskette
  » Over 70 time series in the STARS format
- ICCP Publication Series (#35+)
- Articles (e.g. "OECD Observer")
- OECD Workshops (e.g. Infrastructure Competition)

Expert Meetings

- Biennial meeting on performance indicators
  - » Next meeting 28th/29th September 1995
- Annual meeting on accounting rates
  - » Held in association with mid-year TISP
- Special Sessions (e.g. Information Infrastructure at ICCP, 3rd/4th April 1995)

Challenges and solutions for official statistics

- Harmonisation
  - » definitions
  - » measurement units
  - » reporting dates
    - – Performance Indicators Workshop
    - – Performance Indicators Methodology
    - – Handbook on Telecom Indicators

Challenges & Solutions (cont.)

- Change in market structure
  - » new players and aggregation
  - » globalisation
  - » convergence
  - » new operating practices
- Confidentiality
  - » balance commercial and public interest considerations
  - » Proactive: Telcos or Regulators?

Challenges and Solutions (cont.)

- Tariff comparisons
  - » flexible tariff schemes
  - » usage patterns
  - » new players
    - – vary baskets, improve usage information
- Timeliness
  - » "Communications Statistics for Major Economies"

Forecasts and Projections

- OECD has not done forecasts in the past unless project driven.
- Policy not market orientation
- Need to alert policy makers to trends

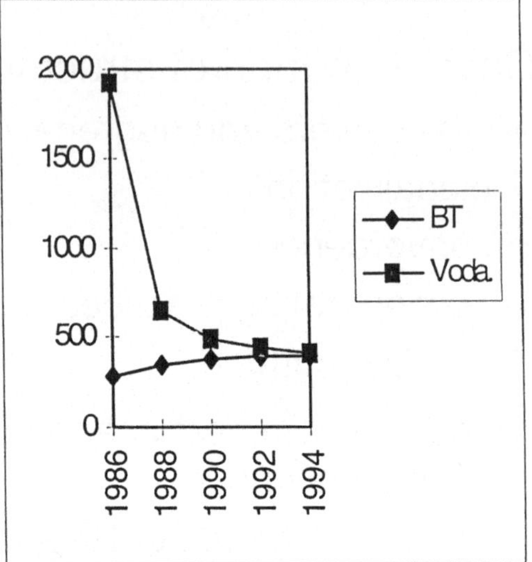

Marktprognosen: Kunst oder Wissenschaft?

Gert Lorenz

1 Einleitung

Marktprognosen werden mit wissenschaftlichen Methoden erarbeitet. Vielfältige Marktprognosen liegen auf den Gebiet der Telekommunikation vor. Sinnvoll erscheint, Marktprognosen der letzten Dekade mit der Realität der Gegenwart zu konfrontieren, wohlwissend, daß dramatische Unterschätzungen wie auch dramatische Überschätzungen stattgefunden haben und in der Zukunft stattfinden werden.

Marktprognosen beruhen auf Annahmen. Jede Annahme ist mit einer bestimmten Unsicherheit behaftet, darüber hinaus ist unsicher, ob die gemachten Annahmen hinreichend und vollständig sind.

Jeder Markt hat Anbieter und Nachfrager. Anbieter neuer Produkte für neue Märkte sind vielfach von dem Wunsch infiziert, das neue Produkt auf dem neuen Markt erfolgreich zu sehen.

Nachfrager dagegen sind oft nicht in der Lage, die Vorteile des neuen Produktes genügend gut abzuschätzen.

Grundsätzliche Voraussetzung für eine Marktprognose ist die deutliche Definition dessen, worüber eine Prognose abgegeben werden soll, sowie verläßliche Marktdaten aus Gegenwart und Vergangenheit. Die Durchsicht der Veröffentlichungen von Marktprognosen auf dem Gebiet der Telekommunikation endet in einer gewissen Frustation, denn Marktdefinitionen, Abgrenzungen, Prognosemethoden, Annahmen, Prognoseteilnehmer sind oft sehr unterschiedlich oder nicht genügend transparent oder unbefriedigend dokumentiert.

2 Prognoseverfahren

Prognoseverfahren werden oft in qualitative und quantitative Methoden klassifiziert (1). Die quantitativen Methoden beruhen in aller Regel auf der Analyse des bisherigen Datenverlaufes, deren Resultat in Gesetzmäßigkeiten münden, die eine Extrapolation in die Zukunft zulassen. Diese quantitativen Verfahren benötigen eine Vergangenheit. In der späten Wachstumsphase und in der Reifephase des Lebenszyklus eines Produktes, Prozesses oder Dienstes ist diese Vergangenheit vorhanden, so daß in diesen Phasen die quantitativen Methoden Anwendung finden.

In der Entstehungsphase ist diese Vergangenheit nicht vorhanden, sie kann durch Querschnittsanalysen ähnlicher Märkte simuliert werden, was allerdings bei Basisinnovationen nicht möglich zu sein scheint. In der Entstehungsphase sendet der Markt keine Signale darüber aus, ob, wie, wann und mit welcher Intensität Basisinnovationen wirksam werden (2), der Wettbewerb ist in dieser Phase keine hinreichende Bedingung für die Entstehung eines neuen Marktes (3).

In der Entstehungsphase werden deshalb in aller Regel qualitative Prognosemethoden angewendet, die jedoch je nach Wissenschaftlichkeit unmerklich von der Marktprognose in die Markprophezeiung hinübergleiten.

Zwei berühmte Prophezeiungen seien hier erwähnt, die eine stammt von Philipp Reis aus den 70er Jahren des 19. Jahrhunderts, des Initiators der Basisinnovation Telefon, die andere von William Shockley (4) aus den 50er Jahren des 20. Jahrhunderts, des Initiators der Basisinnovation Mikroelektronik. Philipp Reis prophezeite, daß in der fernen Zukunft in jeder größeren Stadt der Welt 1000 Telefone installiert sein werden, der andere hatte die Vision, daß in der Zukunft, ein neuer Markt von etwa 1 Mia US $, der Halbleitermarkt, im Wall Street Journal gefeiert würde.

Beide hatten recht, allerdings mit der Einschränkung, daß beide "ihre Innovationen" unterschätzten, beide mit einem Fehler von etwa zwei Zehnerpotenzen.
Damit deutet sich an, daß Marktprognosen einer Basisinnovation in der Entstehungsphase charakteristische Schwierigkeiten haben.

Bei der Mikroelektronik handelt es sich um eine der wichtigsten Basisinnovationen dieses Jahrhunderts die sich nun im vierten Jahrzehnt und damit in der Reifephase ihres Lebenszyklus befindet. In der Entstehungsphase dieser Basisinnovation, also zwischen 1965 und 1975 sind viele Marktprognosen erstellt worden, die sich später, gemessen an der Realität, alle als falsch, weil viel zu niedrig, erwiesen haben. Ende der sechziger Jahre wurde der Markt für 1980 auf 4 Mia US $ geschätzt, in der Realität betrug er 14 Mia US $. Ende der achtziger Jahre wurde der Markt für 1994 auf 71 Mia US $ geschätzt, er erreichte einen Wert von 100 Mia US $ (5, 6, 7).

Der Grund für die Fehleinschätzungen kann heute recht präzise angegeben werden. In der Entstehungsphase wurde sowohl das technologische Potential, insbesondere aber das Kostenreduktionspotential und als logische Folge die Anwendungsbreite unterschätzt.

Ende der sechziger Jahre konnte sich weder der Experte, noch der Anbieter, noch der Nachfrager vorstellen, daß sich der Integrationsgrad der Mikroelektronik über zwei Jahrzehnte um den Faktor 500 pro Dekade erhöht und die Kosten für eine elektronische Funktion sich um den Faktor 200 pro Dekade erniedrigen, so daß ein Überfluß an Speicherkapazität, Übertragungskapazität und Verarbeitungskapazität entstand. Dieser kostengünstige Überfluß erzeugte wiederum eine Nachfrage, die in der Entstehungsphase kein Marktteilnehmer für möglich gehalten hat. Eindeutig folgte die Nachfrage dem Angebot, zumindest in den ersten beiden Dekaden des Mikroelektroniklebenszyklus.

In der Entstehungsphase der Mikroelektronik litten die Marktprognosen am Mangel einer verläßlichen Erfassung der Ist-Markt-Daten, auch als Folge mangelhafter und nicht allgemein anerkannter Marktdefinitionen und Abgrenzungen. Die Marktklassifikation beruhte in der Entstehungsphase auf Technologien.

In dieser Phase haben sich die Anbieter, meist in Verbänden, zusammengefunden, und einen Konsens über Definitionen und Klassifikationen gefunden, die sich an Anwendungen (Unterhaltungselektronik, Computer, Kommunikation usw.) und an Funktionen (Speicherung, Verarbeitung, Verstärkung usw.) orientierten.

Die Telekommunikation ist ebenfalls eine Basisinnovation, die sich schwerpunktmäßig erst in der Entstehungsphase befindet, mit ähnlichen Problemen der Marktprognosen.

3 Telekommunikationsprognosen

Im Jahr 1982 hielt der damalige Staatssekretär im BMPT Dietrich Elias (8) einen mutigen Vortrag über die Zukunft der Telekom, in dem er die damaligen, bekannten Innovationsoptionen präzise beschrieb, einschließlich von Anwendungen, die wir heute mit Multi-Media bezeichnen würden, allerdings ausschließlich des Mobilfunks, dem nur eine Randbemerkung gewidmet wurde.
Der Begriff der Marktprognose wurde in diesem Vortrag nicht erwähnt, stattdessen wurde im Duktus der damaligen Monopolzeit von Planungshorizonten gesprochen.

3.1 Teletex und Telefax

Die Prognose für den damals neu eröffneten Teletex-Dienst wurde im Jahr 1982 mit 130 Tausend Teletexanschlüssen für das Jahr 92 angegeben. In der Realität (9) waren 1992 in Deutschland 10 Tausend Teletexgeräte angeschlossen. Der Teletex-Dienst hat die Marke von 20 Tausend Anschlüssen nie überschritten, er befindet sich heute mit abnehmender Tendenz in der Altersphase bei 4 Tausend Teilnehmern. (Bild 1) Teletex war deshalb nicht erfolgreich, weil Telefax sehr erfolgreich war. Für 1993 wurden 250 Tausend Anschlüsse prognostiziert (10). In der Realität 1993 waren 1.300 Tausend Telefaxanschlüsse vorhanden, eine Unterschätzung um den Faktor 5, (11). Diese Anschlußzahl dürfte in der Realität sehr viel höher sein (2,8 Mio in 94), da in der veröffentlichten Statistik nur die Anschlüsse gezählt wurden, die im Telefax-Verzeichnis genannt sind.

1982 betrugen die Telefaxgerätepreise 20-25 TDM und man rechnete mit weiteren Preiserniedrigungen.

Die Überschätzung des Teletex-Marktes muß vor dem Hintergrund der Unterschätzung des Telefax-Marktes gesehen werden. Offensichtlich ist das Kostenreduktionspotential der Faxgeräte, das aus heutiger Kenntnis etwa dem Faktor 50 in einer Dekade betrug, massiv unterschätzt worden und deshalb wurde der Substitutionseffekt auf den Teletexdienst nicht gesehen.

Darüber hinaus hat der einfache und verständliche Telefaxdienst, sowie die leichte Bedienbarkeit der Faxgeräte zu der massiven Marktdynamik geführt. Dies führt zu der Feststellung: "Demand follows offer".

PROGNOSE TELETEX
in Tsd. Stück

	Prognose 1982	Realität
1987	40	18
1993	130	10
1994	–	4

PROGNOSE TELEFAX
in Tsd. Stück

	Realität	Prognose 1988 1981
1991	950	200
1993	1300*	250
1994	2.800	–

*Im Telefax-Verzeichnis angegeben

Bild 1

3.2 BK-Anschlüsse

Anfang der 80er Jahre wurde die Entscheidung getroffen, ein Breitbandkabelnetz für die Verteilung von Fernsehprogrammen zu installieren. Mit dieser Entscheidung wurde vom Monopolisten Telekom ein neuer Markt gemacht.

Die Planung beruhte im Jahr 1983 auf der Ermittlung von zwei wesentlichen Erfolgsfaktoren durch E. Witte (12), die hier unter dem Begriff der Prognose zusammengefaßt werden.

Der eine Erfolgsfaktor war, daß 1988 mindestens 4,4 Mio Haushalte in Deutschland einen BK-Anschluß nutzen müssen, um diesen neuen Markt anspringen zu lassen, bei einer Anschlußdichte von 60%. 7,3 Mio Anschlüsse mußten danach installiert werden. Die Realität (13) entspricht exakt dieser Prognose eines Monopoldienstes, 1988 wurden 4,6 Mio BK-Anschlüsse genutzt und 1992 wurde eine Anschlußdichte von 60% erreicht.(Bild 2). Hier wurde ein neuer Markt durch Einsatz von Mitteln gemacht, ohne allerdings die Rentabilitätsgrenze zu erreichen. Bemerkenswert bleibt, daß durch die gewollte Planung die prognostizierte Nutzung erreicht wurde. "Demand follows offer".

PROGNOSE/PLANUNG

BK-Anschlüsse

JAHR	REALITÄT	PROGNOSE/PLANUNG
1988	4,6 Mio	4,4 Mio

Anschlußdichte

1992	60,0%	60,0%

Bild 2

3.3 BTX/ISDN

Für BTX liegt eine Prognose aus dem Jahr 1982 (8) vor und für ISDN aus dem Jahr 1984 (14), sowie korrigierte Prognosen für BTX aus dem Jahr 1985 (15) und für ISDN aus dem Jahr 1990 (16). Diese beiden Dienste sind kräftig überschätzt worden wie der Vergleich mit der Realität zeigt (9,11,17,18). 1982 wurden für das Jahr 1986 1 Mio BTX-Anschlüsse erwartet, tatsächlich waren weniger als 100 Tausend BTX-Geräte im Betrieb. Trotz dieser hohen Diskrepanz wurde 1985 prognostiziert, daß 1995 mit 8,5 Mio BTX-Teilnehmern zu rechnen ist. Tatsächlich werden für 1994 696

PROGNOSE BTX
in Tsd. Stück

Jahr	Realität	Prognose 1981	Prognose 1985
1986	<100	1.000	250
1990	260	-	2.000
1994	696	-	-
1995	-	-	8.500

PROGNOSE ISDN
(Basisanschlüsse in Tsd. Stück)

Jahr	Realität	Prognose	Prognose	Prognose
1991	60	1.000	-	-
1994	440	2.700	-	-
1995	-	-	3-500	700
2000	-	7.000	-	2.500

Bild 3

T BTX-Anschlüsse erwartet. In <u>Bild 3</u> ist die Prognose und die Realität zwischen 1982 und 1994 dargestellt.

Für ISDN wurde im Jahr 1984 für 1991 mit 1 Mio Anschlüssen gerechnet und im Jahr 2000 mit 7 Mio. Tatsächlich waren 1991 60 Tausend ISDN-Basisanschlüsse installiert. Im Jahr 1990 wurden die ISDN-Prognosen drastisch nach unten korrigiert auf

3 bis 500 Tausend Basisanschlüsse im Jahr 1995. In der Realität waren 1994 440 Tausend ISDN-Basisanschlüsse vorhanden, für 1995 werden nun 700 Tausend und für 2000 2,5 Mio Basisanschlüsse für ISDN erwartet (19,20,21). Die Prognosen von 1984 überstiegen die Realität um mehr als den Faktor 10, die Prognose von 1990 war dagegen zu pessimistisch. (Bild 3)

Bei BTX und ISDN ist es dem Monopolisten nicht gelungen einen Markt in der geplanten Zeit zu machen, obgleich Frankreich mit dem Minitel-Dienst erfolgreich war mit 6,5 Mio Anschlüssen im Jahr 1993.

Die Gründe für diese Fehleinschätzungen sind vielfältig, drei sollen erläutert werden:

- In der Entstehungsphase neuer Dienste wie BTX und ISDN ist die marketing-Konzeption von entscheidender Bedeutung, sie ist mindestens genau so wichtig, wie die technologische Innovation. Märkte in dieser Phase werden gemacht durch Einsatz von Mitteln und Marktkonzeptionen. Technologische Innovationen und Wettbewerb sind zwar notwendige, aber keinesfalls hinreichende Bedingungen für einen Markterfolg.

  Die für BTX und ISDN angewendeten Marktkonzeptionen waren offensichtlich nicht hinreichend.

  Seit Beginn der 90er Jahre ist eine durchgreifende Änderung der Marktkonzeptionen von ISDN und Datex-J zu erkennen und als Folge ein stetiges Wachstum.

- Dienste mit einer breiten Anwenderdiversifikation, einem hohen Erklärungsbedarf sowie mit schwer bedienbaren Gerätenbedürfen besonders aggressiver Marketingkonzeptionen, die wahrscheinlich nach Anwendungsfeldern stark zu differenzieren sind. Telefax gehört zu einem einfachen, ISDN zu einem schwierigen Dienst.

- Die Durchsicht der Prognosen hat ergeben, daß es sich ausschließlich um qualitative Methoden handelt. Schwerpunktmäßig wurden Befragungen von Anbietern und nicht von Nachfragern durchgeführt, was notwendigerweise zu Überschätzungen verleitet.

3.4 Mobilfunk

Der digitale Mobilfunk auf GSM-Basis ist das Paradebeispiel für eine massive Unterschätzung eines dynamischen Marktes. Für das D-Netz in Deutschland liegen eine Reihe von Prognosen aus den Jahren 1989, 1990 und später (22,23) vor. Im Jahr 1989 wurde der Mobilfunk des D-Netzes in Deutschland auf 450 Tausend Endgeräte im Jahr 1994 geschätzt. Die Realität war im Jahr 1994 1,6 Mio D-Netz-teilnehmer (24,25). 1990 wurde für das Jahr 2010 mit 3,5 Mio D-Netzteilnehmern gerechnet, die heutigen Prognosen (26) gehen von 10 Mio D-Netzteilnehmern aus. (Bild 4) Der Mobilfunkmarkt wurde also um den Faktor drei und mehr unterschätzt. Darüber hinaus wurde die Substitution des C-Netzes durch das D-Netz überschätzt, der prognostizierte (1989) Sättigungswert von 500 Tausend C-Netz-teilnehmern im Jahre 1994 wird in der Realität knapp 800 Tausend C-Netz-teilnehmer betragen.

Die Gründe für diese Unterschätzung eines vorhandenen Marktpotentials sind vielfältig, vier sollen erläutert werden:

<u>MOBILFUNK</u>
(D-Netz)
in Tsd. Stück

Jahr	Realität	Prognose	Prognose
1991	30	15	-
1992	210	80	-
1994	1.600	450	1.250
2010	-	3.500	10.000

Bild 4

- das Kostenreduktionspotential, das für Geräte innerhalb der ersten Dekade fast den Faktor 50 erreichte wurde nicht erkannt und deshalb bei den Prognosen in dieser Größenordnung nicht berücksichtigt.
  Übrigens ist dies der gleiche Grund, der bei der Basisinnovation Mikroelektronik zu massiven Unterschätzungen des Marktes geführt hat. Bei der Mikroelektronik lag über zwei Jahrzehnte der Kostenreduktionsfaktor bei 200(27).
- die Marktmacherfunktion des Marketing wurde in der Entstehungsphase konsequent und richtig angewendet. Dies wurde erleichtert, weil der Mobilfunk ein leicht verständlicher, vorteilhafter Dienst mit einfach zu bedienenden Geräten ist.
- Wettbewerb bestand auf dem Gebiet der Endgeräte und des Dienstes, hier mit zwei Wettbewerbern. Offensichtlich hat sich der gewählte Liberalisierungspfad vom Monopol zum Wettbewerb mit zunächst zwei Wettbewerbern als Netzbetreiber bewährt, wie auch in anderen Ländern und könnte Vorbild dafür sein, wie sinnvollerweise Monopolmärkte in Wettbewerbsmärkte überführt werden.
- Der Mobilfunk ist ein generischer Dienst für alle Telekommunikationsteilnehmer, der den allgemeinen Wunsch nach mobiler Erreichbarkeit erfüllt.

Erwähnenswert ist die gut dokumentierte quantitative Prognosemethode für den zellularen Mobilfunk, die von B. Frank in den Diskussionsbeiträgen des WIK (28) veröffentlicht worden ist. Aus der Vergangenheit, in Kenntnis der Daten des A-, B-,C- und NMT-Netzes wird ein ökonometrisches, theoretisches Prognosemodell abgeleitet mit drei Parametern, die sich als signifikant erwiesen haben:

- dem BSP des Landes der Anwendung
- dem Alter des Systems
- dem Preis der Endgeräte und der Übertragung.

Nicht signifikant sind dagegen, wie allgemein immer wieder behauptet, die Bevölkerungsdichte. Im Jahr 1990 wurde das Modell für die Mobilfunkprognose für das GSM-Netz für das Jahr 94 angewendet. Die Prognose ergab 1,25 Mio genutzter Geräte, als Unterkante. Die Realität wird bei 1,6 Mio Mobilfunkgeräten liegen.

Aus diesem theoretischen Modell hat sich interessanterweise auch die Preiselastizität ergeben, die ein Wachstum von 1,6% bei einer Preisreduzierung vor 1,0% voraussagt.

Die Wettbewerbsstruktur, also Duo-Pol oder freier Wettbewerb vieler, hatte keinen signifikanten Einfluß.

3.5 Mehrwert- und Multimedia-Dienste

Mehrwert- und Multimedia-Dienste sind weitgefaßte Begriffe, die Zusammenfassung von Anwendungsoptionen in den unterschiedlichsten Branchen, sie beruhen auf unterschiedlichen Netzen und Technologien, sie beruhen in aller Regel auf den durch die Digitalisierung ermöglichten Telekommunikationsfunktionen der Speicherung und Verarbeitung von Informationen (29) und umfassen die Integration, die Interaktion, die Transaktion, den Abruf und die Verteilung aller Informationsarten, sie sind anwendungsorientiert und deshalb in aller Regel branchenorientiert. Dies wirft die Frage auf, ob Mehrwert- und Multimediadienste ein Markt sind, ob es sinnvoll ist, Online-Datenbankdienste, Transaktionsdienste, E-Mail, EDI, MNS, BTX, Videokonferenzdienste usw. für Banken, Versicherungen, Handel, Industrie und private Haushalte in einem Markt beschreiben zu wollen. Diese neuen Märkte entstehen nicht im Umfeld von technologischen Optionen, sondern im Umfeld von Branchen und Nutzergruppen. Deshalb ist es nicht verwunderlich, daß die Prognosen von Mehrwert- und Multimediadiensten sehr weit auseinanderlaufen. In der Literatur ist dies eindrucksvoll von Stoetzer und Mitarbeitern (30,31,32) nachgewiesen worden.

Die Prognosen variieren für das Jahr 1992 um mehr als den Faktor 10 (Bild 5), dies hat auch Definitions- und Abgrenzungsgründe. Die Studie von Weizäcker über Mehrwertdienste umfaßt auch die Telefonkomfortdienste, BTX, die Übertragungserlöse, sowie inhouse-Netze und geschlossene Benutzergruppen. Dagegen bezieht sich die Scicon Studie nur auf private Anbieter für Dritte und schließt BTX aus. Die Prognos-Studie hat den Nachteil, daß die Marktabgrenzungsdefinition nicht veröffentlicht ist.

Die Multimedia-Prognosen sind noch rudimentär (33, 34, 35, 36, 37) und in Bild 6 dargestellt. Die einzige zuverlässige Prognose scheint die zu sein, daß wir in Deutschland einen Mia DM-Markt erwarten können.

Tatsache bleibt, daß sowohl die Wachstumserwartungen als auch die Marktprognosen aus den 80er Jahren für Mehrwertdienste nicht erfüllt worden sind, zumal es

PROGNOSE: VAS
(in Mia US $)

Prognosen	1990	1992	1994	2000
Weizäcker (1987)	9	13	18	38
Syst.Dyn. (1990)	0,7	1,1	1,6	3,9
Scicon (1989)	0,3	0,8	-	-
Prognos (1989)	1,9	2,3	3,0	10,0

Bild 5

PROGNOSEN:MULTIMEDIA

Prognose	2000
BERKOM (1991)	900 T Teilnehmer
BAH (1994)	17 Mia DM
DBP (1994)	6 Mia DM
Dataquest	11 Mio MM-PC´s

Bild 6

nicht gelungen ist, für den Markt der Mehrwertdienste für das Jahr 93 oder 94 Istdaten zu ermitteln. Es muß befürchtet werden, daß diese Aussage im Jahr 2000 für den Multimedia Markt wiederholt werden muß.

Tatsache bleibt, daß sich die Mehrwertdienste in den verschiedenen Branchen sehr unterschiedlich entwickelt haben, entgegen den Prognosen. Fast 80% der Banken und

Versicherungen nutzen Datenbankonline-Dienste, 90% der Unternehmer aus Industrie und Handel sind Nichtanwender. Die zukünftige Bedeutung der Mehrwertdienste wird zu 70% von Banken und Versicherungen als "hoch" und zu 90% von Industrie und Handel als "nicht zu erwarten" angegeben. Zur Frage der zukünftigen Nutzung von Netzmanagementdiensten bezeichnen sich 96% der Unternehmen des Handels als Nichtanwender, aber nur 45% der Versicherungen.

Dies legt den Schluß nahe, daß es sich bei den Mehrwertdiensten aber auch bei den Multimediadiensten, nicht um sinnvolle definierte Märkte handelt und diese anwendungsorientiert differenziert werden müssen.

Tatsache ist auch, daß einer der schwerwiegendsten Hinderungsgründe für die Entstehung dieser neuen Märkte die bestehenden organisatorischen Strukturen sowie die bestehenden Geschäftsprozesse sind.

Die Mehrwertdienste wurden im Jahr 1989 liberalisiert. Man versprach sich davon eine besondere Marktdynamik, die aber nicht eingetreten ist. Daraus kann der Schluß gezogen werden, daß für die Entstehung neuer Märkte der Wettbewerb zwar eine notwendige, keinesfalls eine hinreichende Bedingung für die Marktdynamik neuer Märkte ist.

4 Der Telekommunikationsmarkt

Die Marktprognosen für den gesamten Telekommunikationsmarkt sind vielfältig, aber nicht gesichert, da, wie dargestellt, die einzelnen Teilmärkte noch mit hohen Unsicherheiten behaftet sind.

Die EG-Kommission (38) geht einen einfachen Weg, weil sie einen top-down approach gewählt hat, in der Annahme, daß bis zum Jahr 2000 der Telekommunikationsmarkt sich stabilisiert und eine Größenordnung erreicht hat, die signifikant nur noch durch die Entwicklung des BSP in Westeuropa bestimmt wird. Daraus wurde der Schluß gezogen, die Telekommunikationsprognosen an das BSP zu relatieren. Die EG nimmt an, daß der Telekommunikationsmarkt in Westeuropa in Jahr 2000 7% des BSPs beträgt.

Andere Quellen gehen von 5% des BSPs aus.

Die Deutsche Telekom hat 1994 (39) für den Weltmarkt Telekommunikation eine Bandbreite zwischen 650 und 980 Mia US $ angegeben. Prognos hat 1992 (40) für das Jahr 2000 einen Weltmarkt für Dienste von 1.ooo Mia US $ abgeschätzt. Diese drei Prognosen sind in Bild 7 dargestellt und sollen ohne Kommentar bleiben.

Die Schwierigkeiten der Marktprognosen in einer Entstehungs-phase, insbesondere dann wenn sie von tiefgreifenden Strukturbrüchen in der Technologie und im Markt begleitet werden, sind dargestellt worden.

Diese Schwierigkeiten und damit die Unsicherheiten werden noch dadurch vergrößert, daß es keine Ist-Marktdaten der vergangenen Jahre gibt, die aufgrund einheitlicher Definitionen und Methoden erarbeitet wurden.

TELEKOM–WELTMARKT
in Mia US $

IST	TELEKOM	DIENSTE
DBP für 1990	405	280
Omsyc für 1991	450	380
GFK für 1992	440	365
T.I.D.B. 1992	535	417
ITU für 1993	575	455

PROGNOSEN
in Mia US $

Prognosen für 2000	Telekom	Dienste
DBP (94)	980-650	750-490
Prognos (92)	-	1.000
EG (93)	7% d. BSP	-

Bild 7

Die veröffentlichten Ist-Markt-Daten zwischen 1990 und 1993 (13, 39, 40, 41, 42, 43) von DBP, BAH, Dataquest, OMSYC, TRC, Ovum, Prognos und verschiedene andere mehr differieren zwischen 280 und 455 Mia US $ im Dienstebereich und sind nicht durch eine amtliche, halbamtliche oder notarielle Verbandsstatistik gedeckt.

5 Schlußfolgerungen

Die Analyse der Marktprognosen aus der Vergangenheit auf dem Gebiet der Telekommunikation löst keine Zufriedenheit aus.

Wie können Marktprognosen sicherer gemacht werden?

1. Durch die objektive Erfassung der Istmarktdaten und deren Fortschreibung.
2. Durch eine deutliche Marktdefinition, eine diensteorientierte Marktklassifikation, eine anwendungsorientierte Marktsegmentierung und eine geräteorientierte Marktabgrenzung.
3. Durch die stärkere Berücksichtigung von Nachfragerbefragungen, statt Anbieterbefragungen aber auch der Entwicklung quantitativer, theoretischer Modelle.

Was können wir von der Marktprognose erwarten?

1. In der späten Wachstums- und Reifephase beruhen Prognosen auf den Daten der Vergangenheit und deren Gesetzmäßigkeiten bereits entstandener Märkte. Verläßliche Marktprognosen können erwartet werden. Die interessanten Telekom-Märkte befinden sich aber in der Entstehungsphase.
2. In der Entstehungsphase einer Basisinnovation herrscht die größte Prognoseunsicherheit. In dieser Phase sendet der Markt keine Signale darüber aus, ob, wann und mit welcher Intensität Basisinnovationen wirksam werden. In dieser Phase erscheint die Ermittlung von Trends sowie notwendiger und hinreichender Erfolgsfaktoren für die Entstehung eines neuen Marktes realistischer und sinnvoller.
3. Seriöse Marktprognosen können nur dort erwartet werden, wo tatsächliche Märkte existieren, also keine willkürlichen Scheinmärkte erdacht worden sind.

Welche Schlüsse können aus der Analyse gezogen werden?

1. In der Entstehungsphase werden neue Märkte gemacht durch Einsatz von Mitteln, insbesondere durch Marktkonzeptionen und Marketingaktivitäten, die in der Regel eine größere Rolle spielen als die technologischen Innovationen, insbesondere in der späten Entstehungsphase.
2. Innovationen haben stets Substitutionen zur Folge. Je mächtiger eine Innovation desto tiefgreifender ist die Substitution, die in aller Regel unterschätzt wird. (Beispiel Telefax).
3. Besonders erfolgreiche Innovationen erzeugen neben den neuen Produkten stets ein mächtiges Kostenreduktionspotential, daß in aller Regel nicht erkannt wird. (Beispiel Mobilfunk).
4. Der Wettbewerb ist in der Entstehungsphase keine hinreichende Bedingung für einen entstehenden Markt. (Beispiel Mehrwertdienste).

144

5.   Generische Dienste die einfach sind, mit einfacherBedienbarkeit, scheinen erfolgreicher zu sein, alskomplexe, multifunktionale Dienste, die eine anwen-
dungsorientierten Differenzierung bedürfen.

Die Marktdatenerfassung, die Marktprognosen und die Marktkenntnisse scheinen in
anderen Märkten, wie der Automobilbranche, der Unterhaltungselektronik, dem Handel, der Medienbranche besser, transparenter und konsistenter zu sein, als in der neu
entstehenden Telekommunikationsbranche.

Was sind die Gründe für diese Beobachtung?

Was ist anders in der Telekommunikation, als in den genannten Branchen?

Die spezifischen Charakteristiken der Telekommunikationsbranche scheinen zu
sein:

1.   Der Übergang von einem Monopol- in einen Wettbewerbsmarkt, der in unterschiedlichen Geschwindigkeiten und unter un-terschiedlichen Randbedingungen verläuft.
Im Monopol werden Märkte durch Investitionsentscheidungen gemacht, der
Begriff der Marktprognose existiert nicht.

2.   Die Mehrzahl der Telekommunikations-Innovationen befindet sich in der
Entstehungsphase, ohne eine Vergangenheit. Die genannten anderen Märkte
haben eine gut dokumentierteVergangenheit und einen Produktmix, der sich
über die verschiedenen Lebensphasen ausgewogen verteilt.

3.   Die Vielzahl der technologischen Optionen und das breite technologische In-
novationsumfeld führt gleichzeitig zumehreren Strukturbrüchen. Die Innovationsdynamik wird beschleunigt durch die dreifache Wertschöpfungskette
Netze, Dienste, Endgeräte.

4.   Das wirtschaftliche Wachstum wird getrieben von einem überproportional
hohem Kostenreduktionspotential, das wiederum Nachfrage erzeugt und den
noch schlummernden Kommunikationsbedarf der Nutzer weckt.

5.   Der Kreis der Marktteilnehmer ist groß und sehr differenziert, er reicht vom
privaten Haushalt, mit konsumorientierten Nachfrageverhalten bis zur Spe-
zialbank mit schnell wechselnden, komplizierten Nutzungsanforderungen.
Die anderen, genannten Märkte haben eine weniger starke differenzierte
Nutzer-Struktur.

Die Analyse der "Andersartigkeit" des Telekommunikationsmarktes wirft allerdings
die Frage auf, ob sich der Telekommunikationsmarkt in der Zukunft nicht stärker differenzieren wird.

Offen bleibt dann die Frage, ob diese Differenzierung sich an die Wertschöpfungsstufen oder die Kundengruppen anlehnen wird, wahrscheinlich wird sie nicht nach
Technologien erfolgen.

Marktprognosen sind in der Reifephase eine Wissenschaft und deshalb einfach.

Marktprognosen in der Entstehungsphase sind eine Kunst und deshalb schwierig.

Literatur

1. R. Polster: Absatzanalyse bei der Produktionsinnovation
    DUV, Wiesbaden, 1994
2. G. Lorenz: Innovation und Wettbewerb in der Telekommunikation
    in: Telecommunications Bd. 17, Münchner Kreis
    Springer Verlag, Berlin, 1992
3. G. Lorenz: Telekommunikations-Motor für Basisinnovationen
    in: Handbuch der Telekommunikation Deutscher Wirtschaftsdienst, Köln, 1993
4. H.J. Queisser: Kristallene Krisen
5. Mitteilung von Philips Components, Hamburg, Quelle: WSTS, 1995
6. R.V. Gizycki u.a.: Microelectronics. Oldenburg, München, 1984
7. G. Lorenz: Technologische und wirtschaftliche Möglichkeiten der Mikroelektronik
    in: Mikroelektronik und Dezentralisierung. Erich Schmidt Verlag, Essen, 1982
8. D. Elias: Die Entwicklung der Telekommunikation. Vortrag am 26.04.1982
    25. Steinhude-Mahlzeit
9. Geschäftsbericht 1992 der DBP-Telekom, Bonn, 1993
10. D.-Telekom/Comtec, 1988
11. Geschäftsbericht 1993 der DBP-Telekom, Bonn, 1994
12. E. Witte: Neue Fernsehnetze im Medienmarkt. Net-Buch, Telekom.
    Decklers Verlag G. Schenck. Heidelberg, 1984
13. Geschäftsbericht 1990 der DBP-Telekom, Bonn, 1991
14. Schwarz-Schilling, Konzept der DBP zur Weiterentwicklung der Fernmeldestruk-
    tur. Bonn,1984
15. P. Hecheltjen u.a.: Bildschirmtextprognosen. VDE-Verlag, Berlin, 1985
16. Christian Schwarz-Schilling (Hrsg.)
    Jahrbuch der DBP, 1990. Georg Heidecker-Verlag, Erlangen, 1991
17. Telekom-Vision Nr. 1, Febr. 93/DBP-Telekom, Bonn
18. Telekom-Vision Nr. 6, August 94/DBP-Telekom, Bonn
19. Telekom-Vision Nr. 6, August 93/DBP-Telekom, Bonn
20. Telekom-Vision Nr. 1, Febr. 94/DBP-Telekom, Bonn
21. Geschäftsbericht 1991, der DBP-Telekom, Bonn, 1992
22. Detecon: Mobilfunk-Prognose 1989
23. BMFT u.BMW: Zukunftskonzept Innovationstechnik. Bonn, 1989
24. Telekom-Vision Nr. 3, April 93/DBP-Telekom, Bonn
25. Mitteilung der DBP-Telekom, Jahr 1995
26. Telekom-Vision Nr. 5, Juni 94/DBP-Telekom, Bonn
27. G. Lorenz: Breitenwirkung der Mikro-Elektronik
    in: Industrieforschung. BDI-Köln, 1986
28. B. Frank: Internationale Entwicklungsmuster zellularen Mobilfunks.
    Diskussionsbeiträge Nr. 83. WIK Bad Honef, 1992
29. G. Lorenz: Telekommunikation, Vortrag, 1993: Telekom IPK 1993, München

30.   M.W. Stoetzer: Der Markt für Mehrwertdienste
        Diskussionsbeitrag Nr. 69. WIK Bad Honef, 1991

31.   M.W. Stoetzer u.a.: Der Einsatz von Mehrwertdiensten.
        Diskussionsbeitrag Nr. 116. WIK Bad Honef, 1993

32.   M.W. Stoetzer: Netzmanagementdienste und Corporate Networks
        Diskussionsbeitrag Nr. 109. WIK Bad Honef, 1993

33.   Ricke/Kanzow: BERKOM
        R.v.Decker-Verlag, Heidelberg, 1991

34.   BAH (Hrsg.): Zukunft - Multimedia.
        IMK(FAZ), Frankfurt, 1995

35.   Telekom-Vision Nr. 8, Okt. 94/DBP-Telekom, Bonn

36.   Telekom-Vision Nr. 6, Nov. 92/DBP-Telekom, Bonn

37.   Telekom-Vision Nr. 4, Mai 93/DBP-Telekom, Bonn

38.   Mitteilung der EG-Kommission

39.   Telekom-Vision Nr. 4, Mai 94/DBP-Telekom, Bonn

40.   Telekom-Vision Nr. 6, Nov. 92/DBP-Telekom, Bonn

41.   Telekom-Vision Nr. 9, Nov. 94/DBP-Telekom, Bonn

42.   B. Jackel: IPK 1993, München. DBP-Telekom, Bonn

43.   D.M. Leive: The Global Telecommunications Economy
        Telecommunications Bd. 20, Münchner Kreis
        Springer Verlag, Heidelberg, 1994

Wagnis einer Prognose:
Der Telekommunikationsmarkt im Jahr 2010

Werner A. Knetsch

1 Prolog: Zum Wagnis einer Prognose für den Telekommunikationsmarkt

"Alle Prognosen sind unseriös. Selbst die beste Prognose wird nie Wirklichkeit, weil sie im selben Augenblick, wo sie zur Kenntnis genommen und darauf reagiert wird, schon die Zukunft verändert.

Nur Spekulationen sind seriös, weil nichts so unwahrscheinlich ist, daß nicht doch ein wenig Möglichkeit einer späteren Realität darin liegen könnte." [1]

Der folgende Beitrag ist daher als eine Spekulation zu verstehen, um nicht unseriös zu sein.

Worin liegt nun das Wagnis einer Spekulation über den Telekommunikationsmarkt des Jahres 2010?

Erstens ist es in der Plazierung meines Beitrages im Rahmen dieses Kongresses zu sehen. Ohne die Beiträge meiner Vorredner gekannt zu haben, fällt es mir nun zu, eine Art vorausschauende *ultima conclusio* zu ziehen.

Zweitens liegt es darin, daß ich vor habe, die goldene Prognoseregel zu verletzen, die besagt: Lege eine Vorhersage immer nur mit einer Zahl oder einem Zeitpunkt, aber nie mit beidem gleichzeitig vor. Weil ich diese Regel "mutig" verletze, beginnt mit der Verfeinerung der Prognose das Wagnis – wenn man so möchte, die Prognose eines Wagnisses.

Drittens liegt es am Spekulationsthema, der Telekommunikation selbst, weil sie neben einigen stabilen Trends eben auch mit einer Reihe von Unwägbarkeiten daherkommt, die man so oder so sehen kann.

---

[1] Das Ende der Mobilität, Leben am Daten-Highway (H.G. Möntmann)

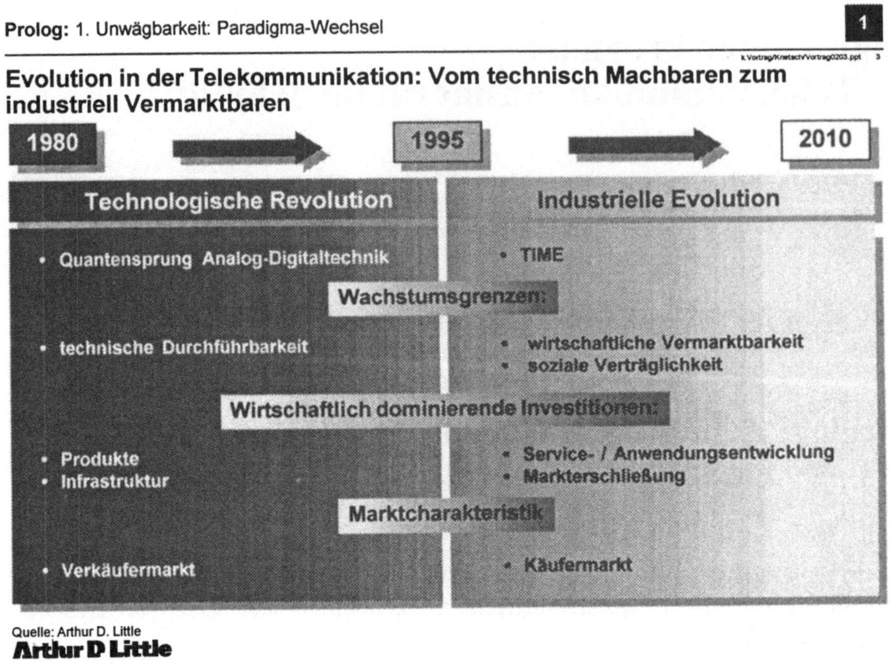

Abbildung 1

Die Entwicklung der Telekommunikation von 1995 an bis 2010 wird im Vergleich zu den vorangegangenen Jahren unter einem Paradigma-Wechsel stehen. Waren die vergangenen Dekaden geprägt von der technischen Revolution des Übergangs von einer analogen in eine digitale Welt und der Auslotung des technisch Machbaren, so werden die kommenden Dekaden in ihren Wachstumsgrenzen von der wirtschaftlichen Vermarktbarkeit und der Diskussion um die soziale Verträglichkeit der Telekommunikation geprägt sein. Der Schwerpunkt der Investition verlagert sich von Infrastruktur und Produkten auf Service- und Anwendungsentwicklungen und den erforderlichen Aufwand zur Markterschließung. Damit einher geht ein konsequenter **Wandel vom Verkäufer- zum Käufermarkt**. Es bleibt abzusehen, wie schnell und durchgreifend sich dieser **Paradigmawechsel** vollzieht. In jedem Fall wird davon die kommerzielle Realisierung des heute als multimedial beschriebenen Zukunftsmarktes der Telekommunikation abhängen (vgl. Abb. 1).

Deswegen haben auch Prognosen und Szenarien zur Telekommunikation in der heutigen Zeit keine Existenzberechtigung mehr, die nach dem alten Vorgehensmodell entstehen, wonach die Technik-Euphoristen, Marktauguren und Strategievisionisten sich gegenseitig begeistern und zu enormen Wachstumsprognosen hinreißen lassen, ohne die **Regelgröße Marketing und Vertrieb** einzubinden, welche dafür zu sorgen hat, daß sich die Prognose an den Vermarktungsbedingungen und Bedarfsstrukturen der Käufer und Anwender orientiert. Die Telekommunikationsindustrie ist nun allerdings nicht gerade eine derjenigen, die sich durch besonders herausgebildete Vermarktungskompetenz auszeichnet. Sie wird es lernen müssen, fragt sich nur, wie schnell es ihr gelingt.

Ein Zukunftsszenario der Telekommunikation darf den sich derzeit abzeichnenden **industriellen Strukturwandel** nicht außer acht lassen. Zur Beschreibung des Trägers wirtschaftlichen Wachstums und der Phase wirtschaftlichen Wandels bis ins nächste Jahrtausend hinein, sprechen wir von den sog. TIME-Industrien.

TIME steht für Telekommunikation, Informationstechnik, Medien und Entertainment (vgl. Abb. 2).

Jedes Zukunftsszenario und jede Prognose der Telekommunikation steht somit vor dem Problem, daß die **Beschreibungs- und Erfassungskategorien** für die sich abzeichnenden Industrie- und Marktkonvergenzen noch nicht entwickelt sind.

Bereits so ungewöhnlich klingende Worte für die neu entstehenden Märkte, wie etwa Edutainment, Advertorial, Infotorial u.ä. lassen erahnen, wie unzureichend sich heutige Beschreibungen und Maßstäbe auf mögliche zukünftige Entwicklungen anwenden lassen.

Nicht zuletzt hängt die Zukunft der Telekommunikation, wie wir alle wissen, unmittelbar von der Frage ab, ob und wann die **erforderlichen Rahmenbedingungen** geschaffen werden, um die Chancen in der Telekommunikation zu nutzen. Dazu gehören aus meiner Sicht fünf Punkte:

Abbildung 2

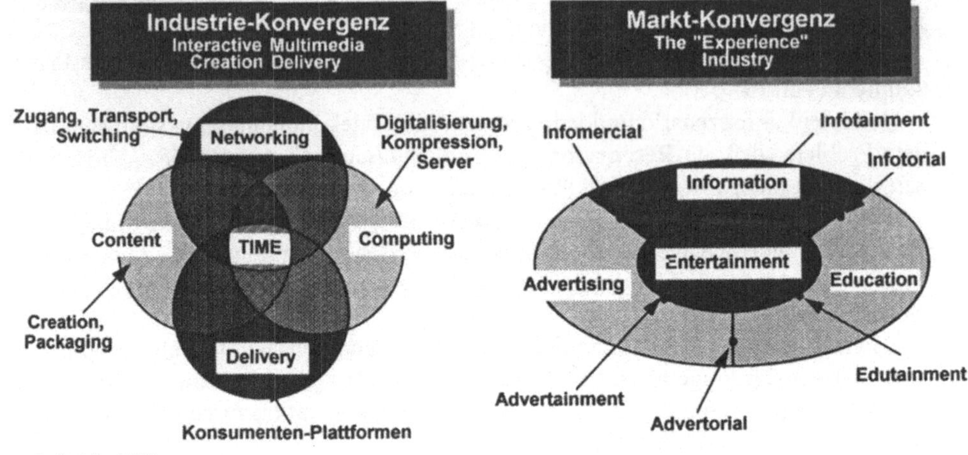

Abbildung 3

- Eine **beschleunigte markt- und wettbewerbsorientierte Deregulierung und Liberalisierung** mit dem Ziel eines offenen Marktzugangs für Betreiber, Anbieter und Nutzer.
- Die Entwicklung einer auf **Innovation und Wandel** ausgerichteten Gesellschafts- und Unternehmenskultur.
- Die Analyse und Artikulation der **Anwendungsbedürfnisse.**
- Die Nutzung der **öffentlichen Nachfrage** als Marktstimulanz.
- Die **Politik als Promotor und Gestalter** fördernder Rahmenbedingungen (vgl. Abb. 3).

2 Die treibenden Kräfte: Markt, Technologie, Wettbewerb

Werfen wir einen Blick auf die Kräfte, die die Entwicklung der Telekommunikation treiben.

In der ganzen Welt löst die Informations- und Kommunikationstechnik eine **industrielle Revolution** aus, die in ihren Auswirkungen schon jetzt historische Dimensionen erlangt. Im Jahre 2001 wird die Telekommunikation in ihrer wirtschaftlichen Bedeutung klassische Industriebranchen, wie z.B. die Automobilindustrie überflügeln. Dies ist eine Aussage, die man gerade in der letzten Zeit immer wieder hören konnte. Aber was heißt das?

Die treibenden Kräfte: Der Telekommunikationsmarkt im Jahr 2010 `2`

Telekommunikation wird zu einer der größten Industriebranchen

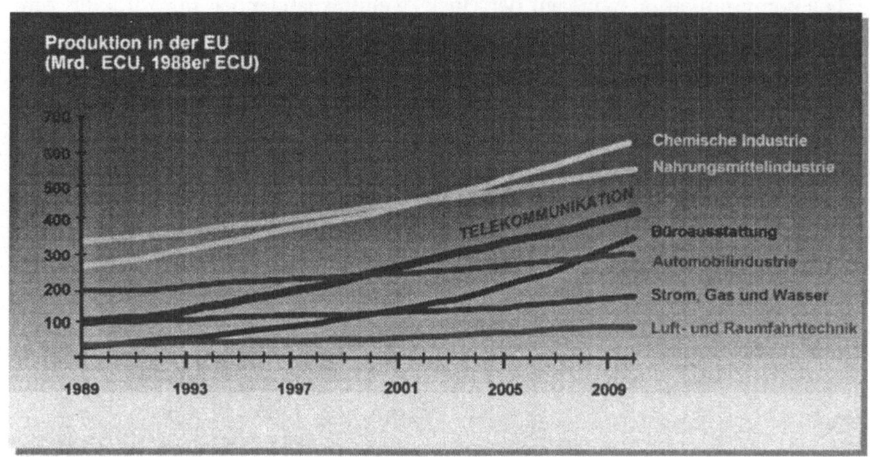

Quelle: Arthur D. Little; Telecommunications Issues and Options 1992-2010, 1991 Report to the CEC

Arthur D Little

Abbildung 4

Die treibenden Kräfte: Der Telekommunikationsmarkt im Jahr 2010 `2`

Im Jahr 2000 ist die Telekommunikation die Schlüsselindustrie für das Funktionieren der Welt- und Volkswirtschaft

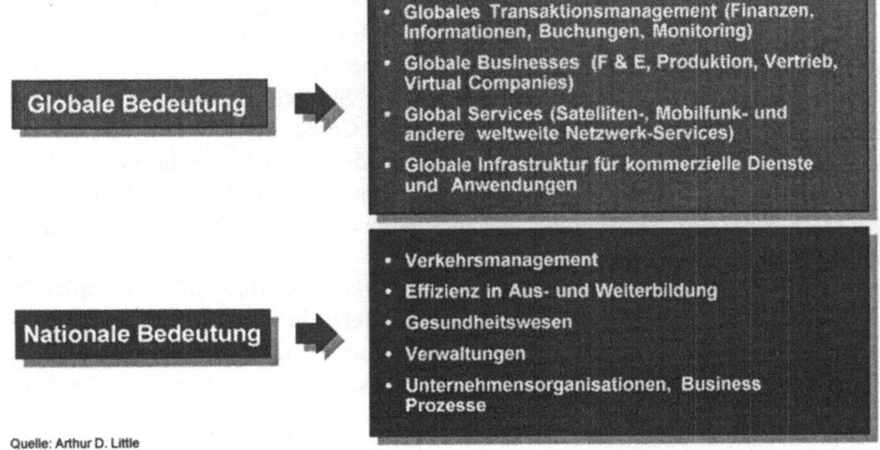

Quelle: Arthur D. Little

Arthur D Little

Abbildung 5

152

Das bedeutet, daß wir die **Telekommunikation im Jahre 2010 als die Schlüssel-industrie** ansehen werden, von der das Funktionieren der Weltwirt-schaft und die Wettbewerbsfähigkeit der Volkswirtschaften abhängt.

Die Telekommunikation wird auf der Basis weltumspannender Infrastruktur zum zentralen Nervensystem eines globalisierten Wirtschaftssystems. Im nationalen Kontext werden die Telekommunikation und die auf ihr aufsetzenden Anwendungssysteme zur Schlüsseltechnologie für die nationale Effektivität und Effizienz in nahezu allen wirtschaftlichen und gesellschaftlichen Bereichen (vgl. Abb. 4).

Die **technologische Basis** für eine Telekommunikation im Jahre 2010 mit diesem Anspruch **ist heute schon weitgehend bekannt, verfüg- und beherrschbar**. Wir erwarten bis zum Jahre 2010 keine grundlegenden technologischen Umbrüche. Die durchgehend digitale Telekommunikationswelt von morgen wird sich durch ausreichende Übertragungs- und Rechnerkapazität, angepaßt an vorherrschende Anwenderbedürfnisse, auszeichnen. Ein hohes Maß an drahtloser Kommunikation, intelligentem Netzmanagement, benutzergerechten, multimedialen Oberflächen und anwendungsfreundlichem Produktdesign werden eine Welt personalisierter, interaktiver, prozeßorientierter und bedarfsgerechter Anwendungen schaffen (vgl. Abb. 5).

Als Ausdruck dieser Entwicklung wird sich die **Wettbewerbsbasis** in der Telekommunikation **grundlegend ändern**. Sie wird in den nächsten paar Jahren in beschleunigten Schritten das nachvollziehen, wozu die Computerbranche ein ganzes Jahrzehnt Zeit hatte. Wir werden in offenen Märkten einen durch Preis- und Innovationsdruck bestimmten Wettbewerb erleben, der sich um einen Anwender und Kunden dreht, der zunehmend bedarfsspezifische Lösungen nachfragt und an den Menschen angepaßte Technik erwartet (vgl. Abb. 6).

Die **Wettbewerbslandschaft im Jahre 2010** könnte gemäß unserem Szenario bestimmt sein durch **drei Kategorien von Playern**, die sich zwar auch untereinander Konkurrenz machen, dennoch ein differenzierendes Profil ausweisen.

Wir sehen ca. ein halbes Dutzend **global operierende Megacarrier** voraus, die aus einer Allianz mehrerer leistungsstarker PTT´s hervorgegangen sind. Ihre Kernkompetenz ist der Betrieb und die Vermarktung ihres Long-Distance-Networks im Wettbewerb um den lukrativen internationalen Fernverkehr.

Daneben wird es eine Reihe **Internationaler Service Provider** geben, sog. `Outsourcer`, deren Kerngeschäft im Betrieb großer Corporate Networks und im Lösungsgeschäft aus einer Hand besteht. Im Kern werden sie sich um die heute neu in den Telekommunikationsmarkt drängenden Investoren herausbilden. Allianzen mit einem Megacarrier zur Absicherung des internationalen Geschäfts sind nicht ungewöhnlich.

Auf nationaler und regionaler Ebene wird die Wettbewerbslandschaft komplettiert durch eine Vielzahl von **Specialized Service Providern**. Ihr spezialisiertes Serviceangebot ist konzentriert auf profitable Produkt-/Marktnischen, wie z.B. den Mobilfunk oder Entertainement-Services, in denen sie sehr kostengünstig und mit großer Nähe zum Kunden agieren (vgl. Abb. 7).

Die treibenden Kräfte: Technologie   2

k.Vortrag/Knetsch/Vortrag0203.ppt   10

Die erforderlichen Technologien für den Telekommunikationsmarkt im Jahr 2010 sind schon heute weitgehend bekannt und verfügbar

Hardware	Software	Communications

• High-speed processing
  – fast processors
  – parallel processing
 	
• Mass memory storage devices
  – hard disk drives
  – CD-ROM drives
  – CD-I
 	
• Intelligent Peripherals
 	
• Optoelectronics
  – fibre optics
  – sophisticated lasers
  – Multiplexer, Cross Connect
  – Opt. Modulatoren
	• Smart software
	  – object-orientated programming
	  – compression algorithms
	
	• TMN Protocols and Case Tools
	
	• OSS-Building Blocks
	
	• Intelligent Network (IN)
		• Digital transmission/ switching
		  – SDH
		  – ATM
		
		• Wireless connections
		  – wireless LANs
		  – PCN
		  – Satellite Connections

Quelle: Arthur D. Little

Arthur D Little

Abbildung 6

Die treibenden Kräfte: Wettbewerb   2

k.Vortrag/Knetsch/Vortrag0203.ppt   11

Die Wettbewerbsbasis im Telekommunikationsmarkt ändert sich:

In der Vergangenheit	In Zukunft
• Marktbarrieren • Preiskalkulation kostenbasiert • Standarddienste/-produkte (z. B. ISDN 64 Kbit) • Anpassung des Menschen an die Technik, Diskontinuitäten zwischen Mensch und Maschine (z. B. Lernen von speziellen Protokollen) • One-Way-Kommunikation • Kunde muß Hardware, Software, Telekommunikation bei verschiedenen Herstellern kaufen	• Offene Märkte • Preis marktbestimmt • Kundenspezifische Lösungen (z. B. angepaßte Übertragungskapazität) • Anpassung der Technik an den Menschen, Benutzerfreundlichkeit, einfache Bedienbarkeit (z. B. Spracherkennung und/oder -verarbeitung statt manueller Eingabe) • Interactivity • Kunde kauft Systemlösungen, d. h. möglichst alles aus einer Hand (one-stop-shopping) • hohe Innovationsdynamik

Quelle: Arthur D. Little

Arthur D Little

Abbildung 7

3 Marktdaten und Prognose

Wenden wir uns den aktuellen Marktdaten zu, und wagen wir den Versuch einer Prognose.

Die mit **jährlich 6-8 % überdurchschnittliche Wachstumsdynamik** des europäischen Telekommunikationsmarktes wird bis weit ins nächste Jahrtausend anhalten.

Die Wachstumscharakteristik des Jahres 93/94 verdeutlicht, daß es in erster Linie der **Servicemarkt** ist, der diese Dynamik trägt. Dieser Trend wird sich in den nächsten Jahren halten und möglicherweise verstärken (vgl. Abb. 8):

- Eine **treibende Größe** ist ohne Zweifel der **Mobilfunkmarkt** und die von ihm ausgehende Nachfrage nach Services und Teilnehmerequipment.

- Die im Zuge der weiteren Deregulierung absehbare **Marktöffnung auf der Netzebene und im Sprachdienst** wird zu einer spürbaren Ankurbelung der Angebotsvielfalt führen.

- **Advanced Voice Services** auf intelligenten Netzen, wie personalisierte Kommunikationsnummern oder Call Forwarding, werden einen kontinuierlichen Zuwachs bis 2010 erfahren.

- Die **Nachfrage im Bereich der geschäftlichen Kommunikation** wird durch den wachsenden Trend zu dezentralen Arbeitsformen wie Teleworking und Telelearning eine Wachstumsschub erfahren.

- Im **Equipmentsektor** sind Wachstumschancen vor allem im Aufbau von Serverstrukturen für Daten-, Sprach- und Video-Mehrwertdienste zu sehen.

Die treibenden Kräfte: Wettbewerb

k:Vortrag/Knetsch/Vortrag0203.ppt 12

Die Wettbewerbslandschaft im Jahr 2010 wird durch drei Kategorien von Playern gekennzeichnet sein

Global Mega Carrier	• Markt: • Kernkompetenz: • Strategie: • Stärke:	Worldwide Operation Long-distance Network Allianz mehrerer leistungsstarker (nationaler) PTT´s Norm-, Technologie- und Preisführerschaft
International Service Provider ("Outsourcer")	• Markt: • Kernkompetenz: • Strategie: • Stärke:	International and national Corporate Networks und Lösungsgeschäft Internationale Allianzen "One stop shopping"
Specialized Service Provider	• Markt: • Kernkompetenz: • Strategie: • Stärke:	National, regional Kostengünstiges spezialisiertes Service-Angebot Konzentration auf profitable Produkt-Marktsegmente Nähe zum Kunden

Quelle: Arthur D. Little

Arthur D Little

Abbildung 8

Die starke Wachstumsdynamik des europäischen Telekommunikations-marktes 1994 (Volumen: 187 Mrd $) wird bis weit nach 2000 anhalten:

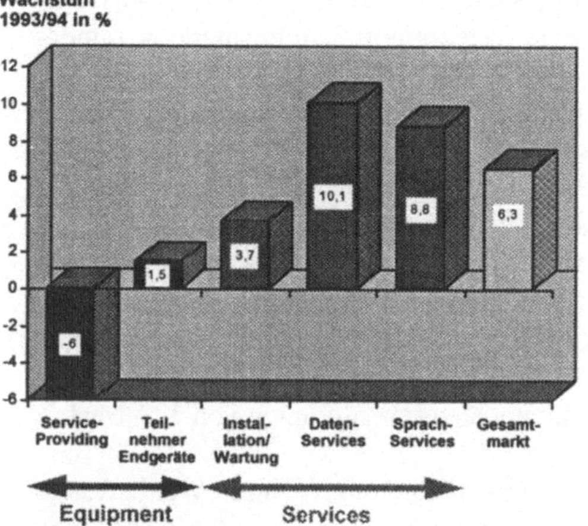

Abbildung 9

Für 1995 schätzen wir den weltweiten Telekommunikationsmarkt auf ein Volumen von 600 Mrd. $. Europa steht mit einem Anteil von 34 % für 204 Mrd. $ (vgl. Abb. 9).

Gehen wir von einem durchschnittlichen jährlichen **Wachstum** des Weltmarktes **In Höhe von 7 bis 8 %** aus, so sprechen wir für 2010 von einem etwa 2,3 Billionen $ großen Welt-Telekommunikationsmarkt. Unterstellen wir Europa eine durchschnittliche jährliche Wachstumsrate in Höhe von 8 %, so steht Europa im Jahr 2010 bei einem gleichbleibenden Marktanteil von 34 % und einem Marktvolumen in Höhe von 788 Mrd. $.

Wesentlich stärker als Europa **wachsen** hingegen **Asien** und der **pazifische Raum**, sowie der Telekommunikationsmarkt in Entwicklungsländern, wie z.B. auf dem afrikanischen Kontinent.

Der Anteil von Nord- und Südamerika verringert sich im Jahr 2010 im Vergleich zu 1995, da wir für den nordamerikanischen Telekommunikationsmarkt dessen Boom-Phase bereits um die Jahrtausendwende erwarten.

Unsere "prognostische Spekulation" oder "spekulative Prognose" des Telekommunikationsmarktes, ganz wie man will, basiert auf einer Aussage von Arthur D. Little aus dem Jahr 1992. Damals hatten wir für die Europäische Kommission Aspekte und Optionen der Telekommunikation 1992 – 2010 behandelt. Die damals entwickelte Prognose haben wir, soweit möglich, dem derzeitigen Stand der Marktentwicklung, aktuellen Erkenntnissen und Trends angepaßt und entsprechend fortgeschrieben.

156

In der Rückschau hat sich gezeigt, daß einige der damals als Grundlage für die Prognose getroffenen Annahmen heute weitgehend Realität sind oder sich als solche abzeichnen.

Als zentrale **Randbedingung** für die weitere Entwicklung des Telekommunikationsmarktes gehen wir heute wie damals von einer konsequenten, **wachstumsorientierten Deregulierung** des europäischen Telekommunikationsmarktes mindestens dem heute bekannten Zeitplan entsprechend aus.

Wie könnte sich der Telekommunikationsmarkt im Jahr 2010 nun darstellen? Im folgenden wird der Servicemarkt aufgrund seiner Bedeutung etwas detaillierter betrachtet.

Der **Servicemarkt** ist und bleibt der Hauptwachstumsträger in der Telekommunikation. Zwischen 1995 und 2010 liegt das **durchschnittliche jährliche Wachstum** des gesamten Servicemarktes bei **7 bis 8 %**, wobei nach der Jahrtausendwende ein leichter Rückgang zu verzeichnen sein wird. Wir sehen heute den europäischen Servicemarkt bis zum Jahr 2010 um 250 % auf ein Volumen von 428 Mrd. ECU (Basis 1990) anwachsen. Im Jahr 1992 hatten wir ihn noch auf ein Volumen von 343 Mrd. $ geschätzt (vgl. Abb. 10).

Unter der Voraussetzung optimaler Rahmenbedingungen und Wettbewerbssituation wächst der **Gesamt-Servicemarkt** bis 2000 jährlich mit ca. 10 bis 11 % und stabilisiert sich anschließend bei durchschnittlichen 5 bis 6 % pro Jahr.

Bei einem derartigen Wachstum könnte der Anteil der Telekommunikationsservices am Bruttoinlandsprodukt der EU bis 2010 leicht auf ca. 5 % anwachsen.

Wie sehen wir die Entwicklung in den einzelnen Servicesegmenten?

Der weltweite Telekommunikationsmarkt wird bis 2010 auf über 2,3 Billionen $ anwachsen

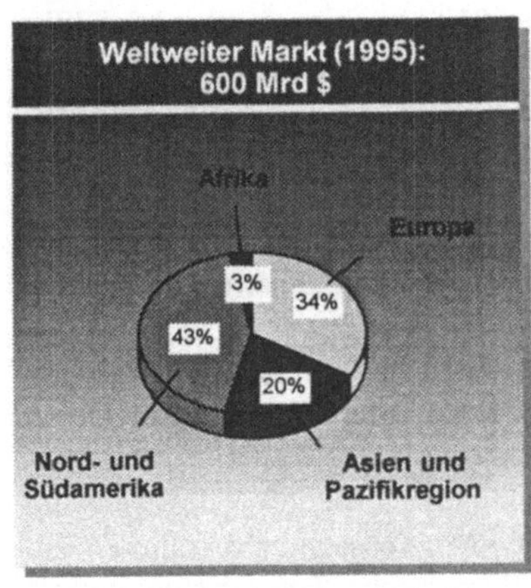

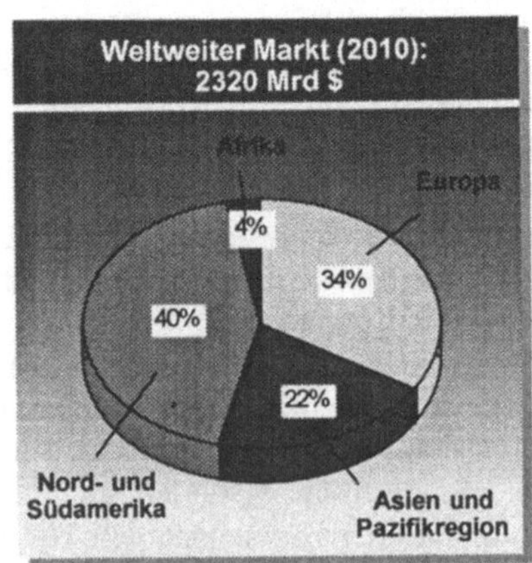

Quelle: Decision Resources, Inc., 1994, Arthur D. Little

Arthur D Little

Abbildung 10

Der **Basisdienst Telefonie** ist auch im Jahr 2010 noch der größte Dienst. Wir sehen ihn mit max. 5 % linear wachsen. Bis 2010 könnten sich die Umsätze im Vergleich zu heute mehr als verdoppeln.

Bei den **Datendiensten** ist eine Vorhersage sehr schwierig. Einerseits wird das reine Datenübertragungsvolumen zwar ein rasantes Wachstum erfahren. E-Mail und On-Line Data Services werden ihren Beitrag dazu leisten. Es muß jedoch offen bleiben, wieviel Datenverkehr von Videoübertragung und möglichen breitbandigen Anwendungen zu erwarten ist.

Unter dem Eindruck von immer effizienteren Kompressionsverfahren, effektivem Preprocessing und Querieverfahren und nicht zuletzt mit Blick auf die unsichere Wirtschaftlichkeit mancher Anwendung neigen wir dazu, das Umsatzvolumen der Daten- im Vergleich zu den Sprachdiensten auch im Jahr 2010 eher konservativ anzusetzen. Jede Steigerung des Marktvolumens der Datendienste würde die schon dynamische Wachstumsprognose nur noch verstärken.

Bei weiter sinkenden Tarifen und verbesserter Servicequalität werden im Jahr 2010 ca. 25 % der Bevölkerung **Cellular Access (Mobilfunk)** nutzen.

Endgeräte- und andere Fixkosten werden bis zum Jahr 2010 so weit gesunken sein, daß sie für eine Kaufentscheidung kaum mehr eine Rolle spielen. In diesem Licht könnte die Penetrationsrate sogar höher sein als 25 %. Insgesamt erwarten wir ein Marktvolumen in Höhe von 47 Mrd. ECU.

Für **Advanced Voice Services** als Einkommensquelle sehen wir ein hohes Wachstumspotential voraus. Bisher treten sie nur in relativ einfachen Erscheinungsformen wie Anklopfen, einfacher Anrufumleitung, Dreierkonferenz, Voice Mail, Telephonkarten oder R-Gesprächen auf. In Zukunft werden sie durch innovative und erweiterte Dienste ergänzt und ersetzt. Dabei sei an anrufer- oder zeitselektives Call Routing, automatischen Rückruf im Besetztfall, Personal Numbering kombiniert mit Voice Mail oder andere Dienste mehr gedacht.

Vor allem die Mobilfunkbetreiber werden auf dem Gebiet der Advanced Voice Services ihren Pioniervorteil weiter ausgebaut haben. Im Jahr 2010 sehen wir ihren Anteil bei etwa 30 % am Gesamtumsatz in Höhe von 93 Mrd. ECU in diesem Segment. Zusammen mit dem Kerngeschäft Mobilfunk addiert sich daher ihr Umsatzpotential auf 75 bis 80 Mrd. ECU .

Das Segment **Entertainment Transmission** sehen wir zu einem 20 Mrd. ECU-Markt anwachsen. Damit steuert dieses Service Segment nur einen relativ geringen Anteil zum Gesamtmarkt bei. Dieser Prognose liegt eine konservative Annahme über die Marktakzeptanz und Durchsetzung von Services wie Video-on-Demand und anderen zugrunde. Wir prognostizieren, daß ca. 35 % der Bevölkerung Subscriber eines Entertainment-Channels sein werden. Das jährliche Umsatzvolumen mit diesen Teilnehmern wird jedoch vergleichsweise gering ausfallen. Entertainment Services werden ihre Einnahmen möglicherweise aus anderen Quellen wie z.B. der Werbung beziehen müssen.

Ein zusätzlicher, sehr beträchtlicher Umsatzimpuls auf den Servicemarkt könnte von einer verstärkten Nachfrage eines zunehmend internationalen Dienstleistungssektors nach Telekommunikationsdiensten und der **Substitution von Verkehr durch Telekommunikation** (Telecommuting, Teleworking, etc.) ausgehen.

Eine **Multi-Client Studie**, die wir 1991 für die USA zur Frage: **Can Telecommunications help to solve America`s Transportation Problems?** angestellt haben, hat ergeben, daß eine 10-20 %ige Substitution des Verkehrsaufkommens durch Telekommunikation möglich ist. Damit einher ginge eine jährliche Ersparnis an Transportkosten in Höhe von 23 Mrd. $. Leider gibt es eine derartige Untersuchung für Europa noch nicht, so daß äquivalente Zahlen nicht zur Verfügung stehen.

Die enormen Entwicklungs- und Innovationspotentiale im Bereich Mobil- und Personal Communications verdeutlicht nachfolgende Endgerätestudie (vgl. Abb. 11).

Wie ein **Personal Communicator**, der im Jahr 2010 das uns bekannte Handy ersetzt hat, aussehen könnte, zeigt eine Studie der Arthur D. Little-Tochter Cambridge Consultants Ltd (CCL).

Für das Jahr 2002 wird für die USA allein ein Marktvolumen von 3 Mio. Stück und 550 Mio. $ vorausgesagt. In Europa wird ein Absatz von 200.000 PDA's in 1997 erwartet.

Neben der Realisierung des Any-Concepts in **Bereich der persönlichen Kommunikation** ("We will be able to communicate with and to be reached by anybody at anytime, anyhow and anywhere in the world") werden sich bis zum Jahre 2010 unzweifelhaft eine ganze Reihe innovativer Anwendungen in den Sektoren der geschäftlichen und privaten Kommunikation sowie im öffentlichen Leben durchgesetzt haben (vgl. Abb. 12).

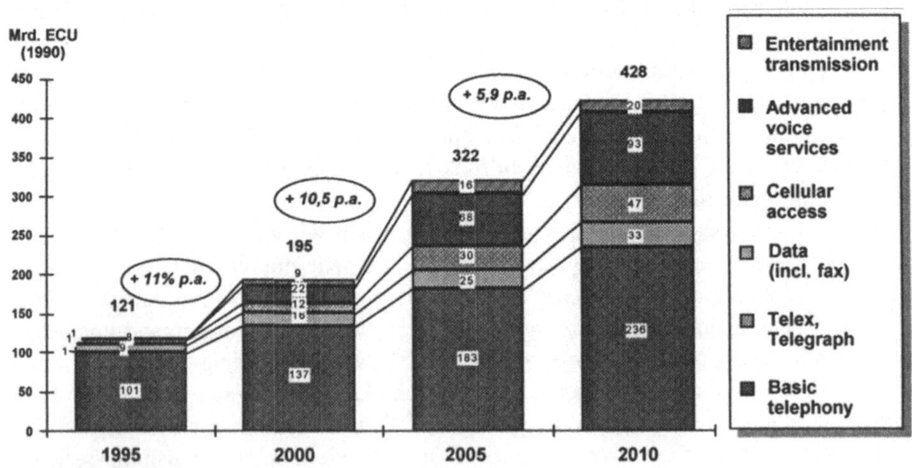

Abbildung 11

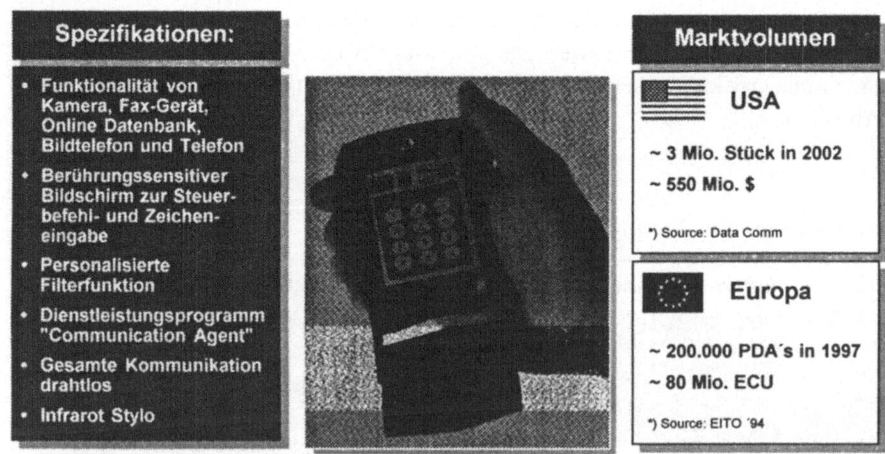

Abbildung 12

Im **geschäftlichen Sektor** wird sich zunächst das Teleconferencing und die Video-
telefonie auf PC-Basis und im zunehmendem Maße Electronic Document Transfer
durchsetzen. Teleworking wird vor allem den Dienstleistungssektor und funktional in
den Unternehmen zuerst die Bereiche Verwaltung, Vertrieb, Forschung und Entwicklung erfassen.

Trotz aller Unbekannten über die Konsumpräferenzen werden wir im Jahr 2010
Video-on-Demand haben. Teleshopping wird zum Alltag gehören.

Im **öffentlichen Sektor** sehen wir in erster Linie das Gesundheits- und Verkehrs-
wesen, das Bildungssystem und die öffentliche Verwaltung als primäre Anwendungs-
bereiche an.

4 Gesellschaftliche Implikationen

Jedes Szenario zur Entwicklung der Telekommunikation verlöre seinen Anspruch auf
Seriosität, jede Prognose wäre noch unseriöser, würde nicht die Frage nach den gesellschaftlichen Implikationen dieses Wachstums, dieser Umbrüche, dieses funda-
mentalen Wandels zur Informationsgesellschaft aufgeworfen.

So offen diese Frage auch ist, eines ist sicher: Die Informationsgesellschaft des Jahres 2010 wird sich in allen Bereichen von Wirtschaft, Politik, Gesellschaft und Kultur
deutlich verändert darstellen. Wie, das ist kaum vorhersagbar, denn die Antwort auf
diese Frage hängt letztlich von unserem Gestaltungswillen und -vermögen ab.

Hier soll keinesfalls einer retardierenden Diskussion um mögliche Technologiefolgen das Wort geredet werden, denn eine Alternative zum Weg in die Informationsgesellschaft gibt es sicher nicht. Dennoch, die Technik und ihre Möglichkeiten sind kein Naturereignis, dem wir hilflos ausgeliefert wären.

Es gilt heute zu diskutieren und darüber nachzudenken, was an der Informationsgesellschaft von morgen erstrebenswert ist, und was wir eher verhindern wollen. Dazu müssen wir uns proaktiv mit einer ganzen Reihe von offenen Fragen auseinandersetzen (vgl. Abb. 13).

Marktdaten und Prognose: Anwendungen `3`

i:Vortrag/Knetsch/Vortrag0203.ppt 19

Folgende innovative Anwendungen werden sich 2010 durchgesetzt haben:

Business Bereich	Privater Bereich	Staatlicher Bereich

• Teleworking (F&E, Vertrieb, Verwaltung)
 • Teleconferencing (Point to point, point to multipoint)
 • Electronic Document Transfer
  – EDI / EDIFACT
	• Entertainment
	  – Video-On-Demand
	  – Fun-On-Demand
	 • Information
	  – erhöhte Auswahl, interaktive Steuerung
	 • Aus- / Weiterbildung
	  – freier Zugriff auf alle relevanten Datenbestände
	 • Teleshopping
	  – unterstützt durch Image- und Videoservices
	 • Personal Communication
	  – Any concept
		• Gesundheitswesen
		  – Ferndiagnose und -behandlung unterstützt durch Fachdatenbanken und Spezialisten
		 • Bildungssystem
		  – vernetzte Lehr-und Forschungseinrichtungen, interaktives Telelearning
		 • Verkehrswesen
		  – intelligenter Personen- und Güterverkehr zu Wasser, zu Lande, in der Luft
		 • Verwaltung
		  – automatisierte behördliche Abläufe, vernetzte Verwaltungen

Quelle: Arthur D. Little

Arthur D Little

Abbildung 13

Um mit der **Wirtschaft** zu beginnen:

- Wie wird in Zukunft ein virtuelles Unternehmen gemanaged?
- Wie wird im Zeichen von Teleworking die Arbeitsorganisation und Kommunikation im Unternehmen aussehen?
- Wie verändern sich die Zahl und Qualität der Arbeitsplätze?
- Nur eine derart konstruktiv geführte Diskussion wird dazu führen, daß wir die der Telekommunikation innewohnenden Chancen nutzen und Risiken vermeiden.

In der **Politik:**

- Wie kann durch moderne Informations- und Kommunikationstechnik der Staat schlanker gemacht werden?

4

Der Telekommunikationsmarkt im Jahr 2010:

Quelle: Arthur D. Little

Arthur D Little

Abbildung 14

- Wie verhindern wir den Mißbrauch von Meinungs- und Informationsfreiheit in den Informationsnetzen?
- Wie können wir mehr Demokratie und Bürgerbeteiligung wagen, den Staat dezentralisieren, ohne sein Funktionieren in Frage zu stellen?
- Wie garantieren wir Personen- und Datenschutz?

Mit Blick auf Gesellschaft und Kultur:

- Wie verhindern wir, daß der Weg in die Informationsgesellschaft zu einer Zweiteilung der Gesellschaft aus Gewinnern und Verlierern wird, wo die einen die Information besitzen und mit ihr umgehen können, während die anderen, davon abgekoppelt, in große Abhängigkeit geraten?
- Wie schützen wir unsere Sprache davor, daß sie sich unter der Dominanz der Kommunikation in den Netzen zu einem Computer-Pidgin reduziert?
- Hilft virtuelle Realität die Realität besser zu verstehen und zu beherrschen, oder verliert der Mensch die Fähigkeit, virtuell Erlebtes auf seine reale Entsprechungen zurückzuführen?
- Ist die Informationsgesellschaft eine Gesellschaft mit weniger Mobilität und welche Folgen hat dies für die Infrastruktur?
- Wie muß sich das Ausbildungssystem reformieren, um den mündigen Bürger und die qualifizierte Arbeitskraft von morgen hervorzubringen?

- Was ist Kunst in der Multimedia-Welt?
- Wie wird unterhalten?
- Wie definieren wir Lebensqualität?

Alles Fragen, von denen sicher nicht zu erwarten ist, daß darauf derzeit eine abschließende Antwort gegeben werden könnte. Es wäre jedoch falsch, darauf zu warten, daß sich die Antworten von allein herausbilden oder auch von anderen für uns gegeben werden.

5 Epilog

Denn eines scheint bei aller Unwägbarkeit sicher zu sein:

Die Länder, die heute im Bereich der Telekommunikation und mit Blick auf die Informationsgesellschaft eine Vision entwickeln und klare Strategie verfolgen, werden im 21. Jahrhundert diejenigen Länder sein, die prosperieren.

Demgegenüber werden die Länder, die heute den Anschluß an die Entwicklungen im Telekommunikationsmarkt verschlafen, die Entwicklungsländern von morgen sein.

Was wir daraus machen, liegt allein an uns.

Liste der Autoren

Dr. Hagen Hultzsch
Vorstandsmitglied
Deutsche Telekom AG
Godesberger Allee 117

53105 Bonn

Dr. Volker Jung
Mitglied des Zentralvorstandes
Siemens AG
Wittelsbacherplatz 2

80333 München

Dr.-Ing. Werner Knetsch
Arthur D. Little International
Kurfürstendamm 66

10707 Berlin

Rainer Liebich
Vors. der Geschäftsführung
AT&T Holding GmbH
Eschersheimer Landstr. 14

60322 Frankfurt

Prof. Dr. Gert Lorenz
Vorstandsmitglied
MÜNCHNER KREIS
Sonnleitenweg 6

83684 Tegernsee

Richard Mitchell
Acting Director
Dataquest Europe Limited
European Telecomm. Group
Holmers Farm Way, High Wycombe

GB - Buchs, HP 12 4 UL

Dr. Ursula Neugebauer
Geschäftsführerin
Infratest Burke InCom GmbH
Landsberger Str. 338

80687 München

Dr. Sam Paltridge
Organisation for Economic
Cooperation and Development
2, rue André Pascal

F - 75775 Paris Cedex 16

Dr. Hans Reich
ZVEI
Stresemannallee 19

60596 Frankfurt/Main

Dipl.-Ing. Harald Stöber
Geschäftsleitung
Mannesmann Mobilfunk GmbH
Am Seestern 1

40543 Düsseldorf

Dr. Matthias-W. Stoetzer
WIK GmbH
Rathausplatz 2-4

53604 Bad Honnef

Prof. Dr. Dres.h.c. Eberhard Witte
Universität München
Institut für Organisation
Ludwigstr. 28

80539 München

Sitzungsleiter

Dipl.-Kfm. Johannes Adler
Deutsche Telekom AG
Postfach 20 00

53105 Bonn

Prof.Dr. Gert Lorenz
Vorstandsmitglied
MÜNCHNER KREIS
Sonnleitenweg 6

83684 Tegernsee

Dr. Karl Heinz Neumann
Geschäftsführer
WIK GmbH
Rathausplatz 2-4

53604 Bad Honnef

Programmausschuß

Dipl.-Ing. Karl Josef Frensch
Siemens AG
Bereich ÖN
Ganghoferstr. 41

82131 Stockdorf

Dr. Karl Heinz Neumann
Geschäftsführer
WIK GmbH
Rathausplatz 2-4

53604 Bad Honnef

Gerhard Unholzer
Vorstandsmitglied
Infratest Forschung AG
Landsberger Str. 338

80687 München

Springer-Verlag und Umwelt

Als internationaler wissenschaftlicher Verlag sind wir uns unserer besonderen Verpflichtung der Umwelt gegenüber bewußt und beziehen umweltorientierte Grundsätze in Unternehmensentscheidungen mit ein.

Von unseren Geschäftspartnern (Druckereien, Papierfabriken, Verpackungsherstellern usw.) verlangen wir, daß sie sowohl beim Herstellungsprozeß selbst als auch beim Einsatz der zur Verwendung kommenden Materialien ökologische Gesichtspunkte berücksichtigen.

Das für dieses Buch verwendete Papier ist aus chlorfrei bzw. chlorarm hergestelltem Zellstoff gefertigt und im pH-Wert neutral.